高等学校电子信息类“十二五”规划教材

云计算与生活

主　编　曾碧卿

副主编　邓会敏　杨劲松　谢晓虹

西安电子科技大学出版社

内 容 简 介

云计算已成为信息技术领域中研究、应用的热门技术，并逐渐应用到人们的日常生活中，为人们带来了诸多便利。

全书分为三部分，第一部分为初识篇，为读者展望了云计算在生活中的应用，简要介绍了云计算的产生背景与发展以及相关的基本概念和关键技术。第二部分为使用篇，对于各类基于云计算的应用产品进行了详细的介绍。第三部分为展望篇，探讨云计算发展过程中的安全、标准化及未来发展相关问题。

本书内容全面、案例丰富，可供需要了解云计算基本知识和应用的政府公务员、企业管理人员和从事云计算研究与开发的初学者、高校师生参考。

图书在版编目(CIP)数据

云计算与生活 / 曾碧卿主编. —西安：西安电子科技大学出版社，2015.1

高等学校电子信息类“十二五”规划教材

ISBN 978-7-5606-3588-0

Ⅰ. ① 云…　Ⅱ. ① 曾…　Ⅲ. ① 计算机网络—高等学校—教材　Ⅳ. ① TP393

中国版本图书馆 CIP 数据核字(2015)第 010272 号

策　　划　李惠萍

责任编辑　孟秋黎

出版发行　西安电子科技大学出版社(西安市太白南路 2 号)

电　　话　(029)88242885　88201467　　邮　　编　710071

网　　址　www.xduph.com　　电子邮箱　xdupfxb001@163.com

经　　销　新华书店

印刷单位　陕西天意印务有限责任公司

版　　次　2015 年 1 月第 1 版　2015 年 1 月第 1 次印刷

开　　本　787 毫米×1092 毫米　1/16　印　张　12

字　　数　176 千字

印　　数　1～3000 册

定　　价　21.00 元

ISBN　978-7-5606-3588-0/TP

XDUP　3880001-1

序言

每一项重大新技术的出现，往往会推动人类文明的进步，对人类的生活方式产生深远的影响。蒸汽机技术的出现，给我们带来了工业化，于是，我们告别了布织农垦的生活。电气技术的出现又使人类从机械的工业化时代，走入信息社会的时代。而后，信息技术的发展，从20世纪60年代的主机系统到70年代的虚拟化技术，到80年代的PC服务器，到90年代的电子商务，再到20世纪末的互联网，不断改变着人类的生产和生活方式。云计算作为IT产业的新宠，正在以迅雷不及掩耳之势，给数字信息化时代带来一股新的浪潮。

在当今社会，每天都在出现新的技术和名词，“云计算”这个词，在2007年之前还鲜为人知，而现今，在Google中搜索“云计算”一词，就有约231 000 000的条目，而输入“cloud computing”，找到的结果约有277 000 000条。一时间，人云亦云，各种有关云计算的词汇可谓层出不穷，云影音、云音乐、云游戏、云手机、云家电……，各类云点缀的应用产品令人眼花缭乱，“云”似乎左右逢源，不管什么样的产品，只要一挨上“云”，就可以给人以“腾云驾雾”的体验。但是对于一般人而言，什么是云计算，通过云计算我们能得到什么，什么样的产品才能算作是云产品，大多数人恐怕是一问三不知。实际上，我们一般认为的云计算是在互联网下通过虚拟化方式共享各类软硬件资源和信息的计算模式，使这些资源按照用户的动态需要，以服务的方式提供。云计算是互联网技术和信息产业发展的产物，是原有技术的重大革新，它的发展将对IT界的信息产

业和商业模式产生深远的影响。

新技术的应用往往会使我们的生活变得更加方便。在这个“云”的时代，云计算技术使得用户可以通过互联网随时获得近乎无限的计算能力和丰富多彩的应用，这些应用越来越广泛，当你还不知道云计算所谓何物时，它就已来到你的身边，并悄悄地改变着你使用电脑和互联网的方式，不仅如此，你生活的方方面面也正无时无刻不被它所影响着。

本书是一本介绍云计算在生活中应用的书籍，站在普通网民的角度帮你触摸云里雾里的“云”。

编　者

二〇一四年十二月

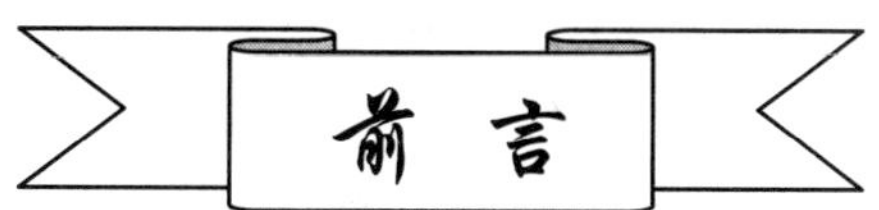

前言

随着 IT 技术的不断发展与进步，云计算技术已经成为了我们信息生活中不可或缺的一部分，人们迫切需要了解一些云计算的相关技术及应用方面的知识。云计算是在 2007 年第 3 季度诞生的新名词，经过数年的发展，云计算已经从虚幻的概念走向了真实的资源和服务，虽然它受到了很大程度的关注，但是对于大多数用户来讲，云计算更像是一个模糊的概念，目前国内也没有一本可以全面而系统地介绍这方面知识的书籍。

基于上述背景，本书以系统而全面地介绍云计算与生活应用为目的，着眼于推广云计算的各类应用。本书以浅显的方式介绍云计算在日常生活中的开发与应用，帮助读者快速了解并在生活中使用云计算。目前有少数资料介绍了云计算的应用，但是规模小、内容不够丰富完整，且都只涉及云计算的一个很狭窄的方向，过于片面。而实际上云计算的各种形式的应用之间存在很多的相似性，它们相辅相成、不可分割。因此，我们把这些内容放在一起讨论，相互比较，将各种云计算的日常应用有机结合起来，形成一个整体。使用户能够对云计算的日常应用有一个更加完整而清晰的整体认识。基于个人云计算的角度出发，结合具体的应用，为人们描绘美好的未来生活，将高深的云计算在人们生活中的现实应用以及潜在应用充分地展示出来，从而达到“技术让生活更美好”的目的。

本书主要包含三个部分：第一部分，展望了“云”时代人们的生活，简要介绍云计算的产生背景与发展以及相关的基本概念和相关技术，通过阅读这一部分，读者可以了解云计算的起源、基本概念、发展历程，为走进云计算的世界打下基础；第二部分对于各类基于云计算的应用产品进行详细的介绍，通过阅读这部分内容读者可以了解、掌握各类个人云计算工具，从而体会云计算及云计算时代下人们的生活和工作方式；第三部分，探讨云计算发展过程中的安全、标准化及未来发展的相关问题。

本书可供需要了解云计算基本知识和应用的政府公务员、企业管理人员和从事云计算研究与开发的初学者、高校师生参考。

本书涉及内容较为广泛，由于编者水平有限，书中难免有疏漏之处，敬请各位读者朋友批评指正。

编　者

2014年12月

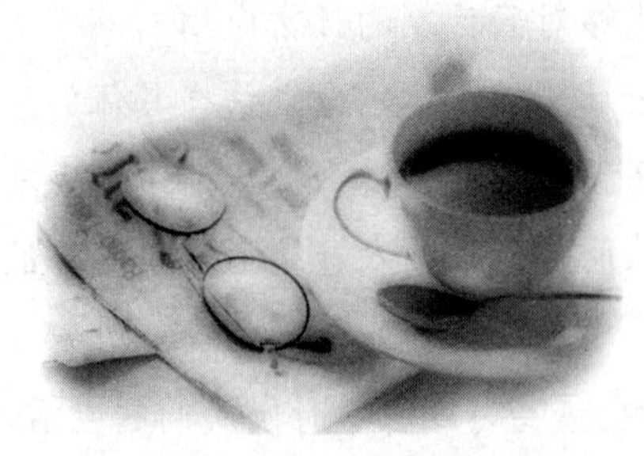

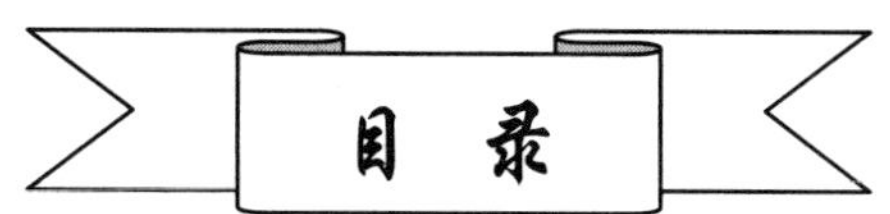

目　录

第一部分　初识篇——云计算概述

第 1 章　云雾迷蒙：初识云计算 2

1.1　云计算初体验 2

1.2　云计算的起源 8

1.3　云计算时代的到来 19

1.4　有“云”的软件应用 26

第 2 章　云计算的方方面面 29

2.1　所谓云计算 29

2.1.1　对于云计算的理解 29

2.1.2　分类提供云服务 33

2.1.3　因地制宜部署云计算 35

2.1.4　云计算能带来哪些好处 37

2.2　云计算与虚拟化 40

2.3　云计算与物联网 44

2.3.1　何为物联网 44

2.3.2　云计算与物联网的结合 46

2.3.3　物联网与云计算搭建智慧社区 47

2.4　云带来的改变 49

2.5　绿色节能 52

第二部分　使用篇——云计算改变生活

第 3 章　更为高效便捷的办公 56

3.1　云办公——打造你的移动办公室 56

3.1.1 了解云办公......56
3.1.2 为什么要使用云办公......58
3.1.3 云办公提供的服务......59
3.1.4 云办公主要产品......60
3.2 文档协同编辑......62
3.3 分身有术的云会议......65
3.4 神奇的打印术......69
第 4 章 数据之家——云存储......72
4.1 云存储！网盘?......72
4.1.1 云存储的优势......74
4.1.2 云存储的顾虑......75
4.2 使用云存储......77
4.2.1 个人级云存储应用......77
4.2.2 企业级云存储应用......79
4.3 个人云存储产品......80
4.4 战乱纷纷的个人云存储市场......85
第 5 章 有云生活更精彩......89
5.1 信息爆炸如何做笔记......89
5.2 日程管理......93
5.3 给密码请管家......96
5.4 管理好你的联系人......101
5.5 云操作系统......105
5.6 趣味生活——好玩、有趣的云应用......109
第 6 章 “云”中娱乐更自在......114
6.1 来一场公平的对决吧！——云游戏......114
6.2 同步起你的音乐设备吧......116
6.3 开始“翻滚”的云手机......118
6.3.1 云手机为何物......119
6.3.2 云手机的六大特色......120

6.3.3 云手机面临的挑战 122
6.4 更智能的选择——云电视 123
6.4.1 初识云电视 123
6.4.2 智能电视的发展方向 124
6.4.3 行业标准现状 125
6.4.4 国内云电视品牌系列产品 125
6.5 “无硬盘，无 CPU”——云电脑 128
第 7 章 云在蔓延着——飘向生活的角落 130
7.1 飘向教育 130
7.2 飘向医疗 133
7.2.1 走近云医疗 135
7.2.2 基于云医疗平台的急救医疗系统模式 136
7.2.3 基于结合云的电子病历的猜想 137
7.2.4 云医疗展望 138
7.3 飘向电子商务 139
7.3.1 认识云电子商务 140
7.3.2 这片云给电子商务带来了什么 141
7.4 飘向电子政务 143
7.5 飘向制造产业 145

展望篇——云计算的发展与未来

第 8 章 让云走得更远 150
8.1 保驾 护航——云安全 150
8.2 安全产品的云化 151
8.3 云计算标准化的一二三事 156
8.4 云计算带来的产业变革 157
8.5 CSA 报告——2013 年云计算的九大威胁 161

第 9 章 “云”里事,“云”里情 165
9.1 云计算成为智慧城市驱动力 165
9.2 移动互联网下的云计算 167
9.3 你所不知道的云计算 170
9.4 云计算的业界动态 176
9.5 遇见有“云计算”的未来 181

第一部分

初识篇——云计算概述

佛经寓言《涅经》里有这样一个故事，说的是几个盲人一直想知道大象长什么样子。一天，他们听说街上来了一头大象。于是他们请求赶象人停一停，让他们摸一摸大象。一个盲人摸到了大象的长牙，他说，我知道了，大象就像一根大萝卜；另一个盲人听说后也上前摸，他摸到了大象的耳朵，又大又扁，正像一个大簸箕；第三个人摸的是大象的头，圆圆硬硬像块大石头；第四个人摸着大象的鼻子，说大象明明就像一根长木头；第五个人摸到了象腿，说大象像个舂米用的石臼；还有一个摸到脊背，就说大象像一张床。后两个盲人分别摸到了肚子和尾巴，于是这个说大象像水缸，那个说大象像条绳子。这就是成语盲人摸象的故事。在无人不谈“云”的当下，“云”早已众说纷纭，在云计算诞生初期，人们对于云计算的认识就如同盲人摸象的故事一样，有人说，虚拟化就是云计算；有人说，分布式计算就是云计算；又有人说，把一切资源都放在网上，一切服务都从网上取得就是云计算；更又有人说，云计算是一个简单的，甚至没有关键技术的东西，它只是一种思维方式。

如何才算作云计算呢？它能给我们带来什么？

第 1 章 <<<<<<<<<<<<<<<

云雾迷蒙：初识云计算

1.1　云计算初体验

1. 从一本杂志说起

制作一本杂志需要多长时间呢？一本杂志的完成要历经策划、撰稿到排版、印刷等多道工序，也许一两个月还不一定够。然而旧金山有一份杂志的创刊号完成这一系列的工序却只用了 48 个小时。这本杂志就叫做“48 Hour Magazine”，中文名叫《48 小时》。如此匪夷所思的成果是如何做到的呢？这就不得不提到互联网的威力。最早这个想法是《连线》杂志的资深编辑亚历克西斯·马德里加尔一个异想天开的计划。马德里加尔认为，在拥有如此便利的互联网条件下，可以发动很多人来查找资料和编写稿件，没有必要什么内容都靠自己动手。于是，他在 Twitter 申请了一个叫 48HR Magazine 的账号，并告知他希望在 48 小时内做完一本 60 页的杂志以及接下来的计划：在 5 月 8 日公布自己的创刊号选题策划，然后接受来自全世界的文字与图片投稿，再用剩下的 24 小时完成编辑与排版工作，并让电子杂志在 5 月 10 上线，然后一周之内让杂志实体摆上书摊。

刚开始也许这只是个有趣却一厢情愿的想法，马德里加尔也没有抱多大的希望，但是出乎预想的是，很快，这个 Twitter 账号就引起人们的广泛关注，在 5 月 8 号之前就陆陆续续有 4000 多的关注量。这使得马德里加尔开始有了底气，于是 5 月 8 日一大早，马德里加尔就给所有在 Twitter 上关注 48HR Magazine 的用户发去了私信：创刊号的主题已定为“喧嚣时

代”，请在 24 小时内把图片和文字发往编辑邮箱。但是同时一个问题令马德里加尔倍加担忧，起初计划中《48 小时》只有 4 名自由撰稿人和网络编辑，他们在不同的地方通过网络完成分内的工作，但是如果投稿的数量过于庞大，仅仅只是依靠四个人恐怕是无法在 24 小时内看完所有稿件，并完成编辑和排版印刷的工作。事关 48HR Magazine 的成败，于是马德里加尔只好在 Twitter 上向人们表露这样的担忧，网络上的“人力资源”优势毕竟不是吹的，没过多久，Twitter 上不断有人给他留言，表示自己虽然无法抽出时间撰稿，但可以义务担任编辑。于是第二天，40 多名来自四面八方的编辑就在马德里加尔借用的一个临时办公室里拼命地校对他们从网络上号召来的这些文章，终于在规定时限内完成了电子杂志制作。一周后经过编辑的调整，实体杂志也摆上了旧金山的书摊。

图 1.1 所示为《48 小时》杂志电子版页面。

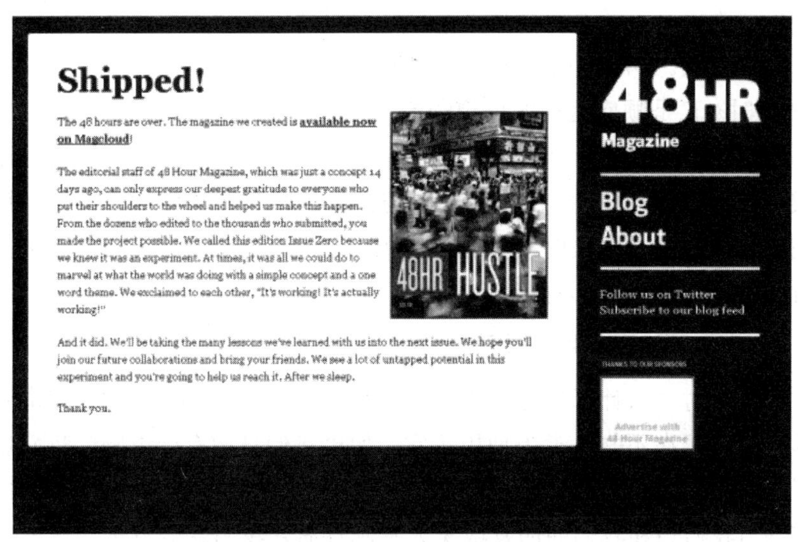

图 1.1　《48 小时》杂志电子版

《48 小时》的成功很快就被新闻媒体所关注，在《48 小时》纸质版杂志如约上市的时候，关于它的新闻就上了《早安美国》和 CBS 的午间新闻报道，福克斯新闻网也随即跟上，并称它为“第一本属于云计算时代的杂志”。

不仅如此，在商业上，《48 小时》也取得了成功，最初马德里加尔认

为读者会选择在网上观看杂志，而印刷上摊之后的销售量不会超过 2000 本，订阅人数不会超过 500，但事实出乎预料，杂志上网后的第二天，他收到了 1500 份要求订阅的邮件。数字虽然并不庞大，但和创刊号 4000 册的印刷量相比已经非常可观。

《48 小时》的成功值得我们反思，在当今信息高速增长的时代，网络中的信息越来越多，单依靠一个人一台机器所能完成的事情越来越不能令我们满意，我们可以看到，随着网络的发展，在我们电脑里安装的软件越来越少，也许在将来的某一天，我们的电脑都失去了存在的必要，我们只需要一台能连接到网络的终端设备，然后从“云端”里租用内存和处理器，就可以完成各种原来我们必须在本地机器上完成的工作。我们的工作方式也会被它所改变，很多事情不用亲手去做，我们可以把工序分解到不同的“云端”里完成，这也正是云计算的魅力所在。在这个时代，再也不是以某台机器为中心开始执行任务，而是转而以任务为中心，通过召集各路资源，协作完成。《48 小时》的成功印证了这一点，从策划、撰稿到排版，《48 小时》正是顺应这样的思想潮流，在云计算中，客户提出的需求就如同马德里加尔的策划一样：为云计算描述客户所希望得到的服务或者需要完成的目标。而来自各方的投稿和参与排版的临时编辑们就好比云计算中为完成目标而临时聚集的众多服务资源。之所以称它为“第一本属于云计算时代的杂志”，也正因如此。

2. 我们已经在使用云计算

也许你对“云计算”有些“云里雾里”，认为这是 IT 界的技术名词，但其实你已经在不知不觉中使用了它。如果我们身边有台电脑，我们想要从互联网中获得信息时，就会自然而然地打开 Google 或百度这样的搜索引擎，当我们想和我们的朋友或家人写邮件时，我们就会自然而然地用到像 Gmail 这样的邮件服务。实际上搜索引擎和邮件服务中就包含了不少云计算的原理应用，只是我们没有意识到那些就是云服务罢了。

下面我们通过几个场景来了解一下我们身边的云计算。

场景一：小李在一家大型公司工作，公司经常有各种会议需要小李安排，这使小李非常头疼，因为有人在下午 2:00 有时间，但另一个人又恰好有其他安排。甚至有时候有多场会议的时候，小李还要小心不让人员冲突

或者使用的会议室冲突。为了协商好会议安排，小李不得不和每个人一遍又一遍地沟通，以确保会议的有效安排。有一天，同事向小李推荐了 Google Calendar。这是一款基于 Web 的在线日程管理应用，小李让公司的员工都使用了 Google Calendar 之后，每个人都将他/她的日程表放到云中，这样就可以很容易看到谁在什么时间有空闲，通过 Google Calendar 快速找出安排会议的最佳时间，而再不用发送一堆的邮件或是打上一遍又一遍的电话，所有的事情都在云中安排妥当。因此，小李的工作效率提高了不少。

场景二：小王是一名推销员，每天不得不应付很多联系人。但是有时候手机不在身边或者是出现了故障，往往导致一单生意的失败。但是有了基于 Web 的联系人管理应用情况就不一样了。小王注册了一个 Plaxo 的账号，Plaxo 是一个在线地址簿，小王把他的联系人信息都存储在云中，当小王想查询他放在云中的联系人信息时，他只需要一个能连接到互联网的终端就可以了。这样即使小王的手机不在身边的时候，小王用别人的手机就能查询到自己需要的联系人信息。

场景三：小张是一家公司的员工，某天公司另一城市的业务出了点乱子，于是公司紧急派遣小张去该城市调查。这样小张就要匆忙赶往另一个城市，他想要了解他所乘坐的航班信息、从他的住所到机场的最佳路线以及该城市最新的天气和住宿信息等。而小张做的事情却只是：拿出他的手机，对着他的手机说出去往某城市出差，这些信息就出现在手机屏幕上了。小张的话经过智能语音识别转换成文字输入到网络作为关键字，而在网络中，经过多台服务器的检索，相关信息就反馈到了小张的手机上。而智能语音识别的实现和多台服务器的并行检索无不与云计算有关。同时，与各种各样的终端(例如个人电脑、PDA、手机、电视等)进行连接的云计算为用户提供广泛、主动、高度个性化的服务。

场景四：小赵是一名平面设计师，他经常要将一份份数百兆甚至上千兆的设计稿发给客户，这样的任务显然用邮件服务是完成不了的。将文件分割成许多块发给客户，客户收到后再将文件合并，这样的手段毕竟太麻烦。最后小赵找到了解决方法，小赵注册了一个 Dropbox 账号，Dropbox 为小赵免费提供了网络存储空间。这样，小赵只需要将自己的设计稿放在同步的文件夹中，Dropbox 就会自动将这些设计稿同步到为小赵准备的网络存储空间，同时 Dropbox 会返回一个文件的访问链接给小赵，小赵把这个链接发给客户并给客户相应的授权之后，客户就可以自行通过链接下载设计稿了。

通过这些场景，我们可以看到云计算并不遥远，实际上它已经渗入我们生活的方方面面，当我们拿起手机或者打开电脑，也许云计算就已经在工作了。也正是因为有了云计算的帮助，才使我们的工作更加高效，使我们的生活更加便利。

3．向往的新生活

使我们的日常生活获得新的体验不仅仅体现在以上几个场景，随着新技术的发展，越来越多的科技应用令我们应接不暇。例如，谷歌公司于 2012 年 4 月推出的 Google 眼镜，这款眼镜号称可以“解放双手”的智能设备具有网上冲浪、电话通信和读取文件的功能，可以实现智能手机和笔记本电脑的各项功能。Google 眼镜集成了众多 Google 的产品功能，有了它，你可以随时随地拍摄相片和视频，而不必再像过去一样高高地举着它；跑步的时候它不再像手机一样是个累赘，它可以帮助你随时了解实时路况，让你避开喧闹的市区和拥堵的交通，你还能查看你跑步时的实时数据，随时随地备份资料，一边走路一边和人视频聊天，或者，跟着网上的视频指导做一道复杂的菜。

图 1.2 所示为 Google 眼镜宣传图。

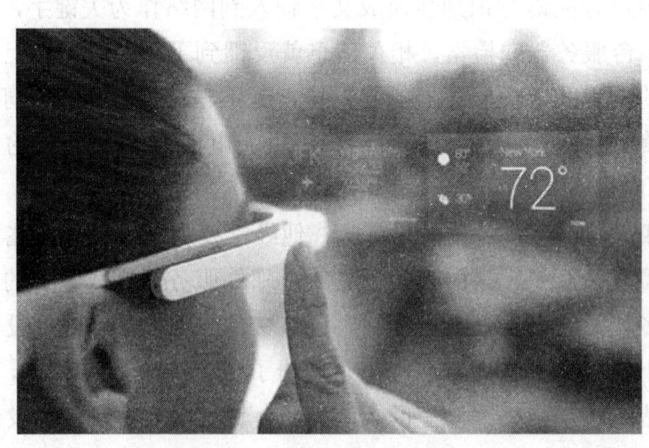

图 1.2　Google 眼镜宣传图

不仅 Google，“以人为本，追随智慧”的微软也不遗余力地致力于用户的新生活体验，“微软未来之家”就是这样一个地方。“微软未来之家”是位于华盛顿州雷德蒙市微软公司总部园区内的一个现代技术展览馆，它以一个虚拟的家庭为背景，向世人呈现着各种计算机技术、软件、服务、设备等如何通过一个流畅的应用环境为人类创造生活上的极大方便。

在“微软未来之家”，走进玄关，计算机人-机对话系统会向主人问好，并告诉主人一天的日程安排；来到客厅，电视会自动打开，告诉主人一天的新闻，并按照预定播放主人最喜爱的节目；客厅一角的儿童游戏区域则为孩子设定好了他喜爱的游戏，并按照妈妈的要求关闭了他不能玩的游戏；厨房里，女主人按照计算机的提示从冰箱里拿取食物、配餐，并按照计算机提供的菜谱做饭；餐厅的墙壁会在主人进餐时自动配好背景图景和音乐；女儿的卧室里，穿衣镜会告诉女孩每日的天气并建议她今日应该如何着装，哪件上衣和裙子搭配更好看；娱乐室里，一家人可以在大屏幕前集体玩各种网络游戏。

图 1.3 所示为微软未来之家的卧室展示图。

图 1.3　微软未来之家的卧室展示图

这些场景的实现就实现方案而言并不是那么困难，但是有一个问题不得不值得我们考虑，所有这些服务，在用户给出指示(或是走进某个区域，或是做某个具体动作)很短的时间内，就应该得到回应，而这种运算通常要处理海量的数据，要想在屏幕等终端实现的话，就得给屏幕连上很多的附加电子设备，但效果还未必理想，因为个人设备的运算能力毕竟有限，等到计算出结果，恐怕为时已晚。如果将运算放在远程服务器之上，让它来替代家里的个人电脑进行工作呢？那首先会给你的书房省出放把椅子的地方。可是，如果同时有数百万人借助那台远程服务器来使用同一项服务，那你还是等不起，再聪明的电脑也得一项一项地算啊。所以，科技界想出了一个办法，就是当服务器被要求同时进行亿万次计算的时候，那就将众多大型计算机集中起来协同作战。这便是云计算了。

1.2　云计算的起源

1．Google 101 计划的提出

2006 年的某一天，Google 一位高级工程师克里斯托夫•比希利亚(Christophe Bisciglia)趁会议休息的时候和当时的 Google 董事长兼 CEO 埃里克・施密特(Eric Emerson Schmidt)沟通了一个想法：比希利亚认为 Google 的一些技术不应该固步自封，应该让更多的人所了解，集合众人的智慧，才能发展出更好的技术。要培养人才，就必须发展那些还在大学里的学生，他们才是 Google 的未来和希望。他愿意用自己的“20%时间”[①]，在自己的母校华盛顿大学启动一门课程，这门课程将重点引导学生在海量数据的情况下用 Google 的思维去编程和开发，比希利亚给这个计划命名代号为“Google 101”。这时候的“Google 101”还只是局限于学校范围的一个教育计划。对于每天都要从公寓搭乘班车长途跋涉到公司，然后开始 10 小时的搜索运算法则的程序编写工作的比希利亚来说，他渴望从 Google 的日常工作中抽出时间换换脑子。他想回到学校，哪怕每周只有一天，回到学校去和他的教授兼导师埃德・拉佐斯卡一起工作。这时候的比希利亚

① Google 的 20%时间：Google 的著名的 20%的带薪自由支配时间一直被 IT 界广大程序员所津津乐道，Google 公司允许员工利用 20%的工作时间研究自己喜欢的技术，做自己喜欢的项目。也就是这个政策，诞生了像 Google 的 Gmail 邮件产品和实践六度空间理论的人际网络产品 Orkut 等许多颇受欢迎的产品。

并没有考虑太多，他和施密特也是老相识。在比希利亚 5 年前刚入职 Google 时还只是一个年仅 22 岁的程序员，他的工位恰巧就安排在首席执行官的办公室附近。于是，这次，他们像往常一样自然而然地聊起了数据计算，一直谈到比希利亚[①] 的“Google 101”，当时的施密特并没有太在意这个想法，他以为比希利亚不过是想在教育上做点事情，这当然也很不错。施密特向来都很欣赏这个年轻人，这个年轻人的头脑里似乎总能闪烁智慧的灵光，即使比希利亚失败了，但是凭借他的头脑，一定能从失败中获得更多的经验。施密特当即表示支持比希利亚的计划，鼓励他放手去做，并且提议把项目缩减到能在两个月内完成的规模。

2．困难重重

有了施密特的支持，比希利亚自然信心满满。但是很快就有困难摆在他面前，“Google 101”计划的开展离不开华盛顿大学的合作和支持，比希利亚必须把“Google 101”计划的方方面面和 Google 思维的些许神奇之处展现给合作对象，但却不能把 Google 赖以生存的机密都透露给对方。为了让学生们学习 Google 的编程思维，就得为学生们提供像 Google 员工开发一样的环境。最简单的办法自然是直接从学校连接专线到 Google 服务器上。但是，支持 Google 业务进行的是由近百万台廉价的计算机组成服务器集群。这里头的机器单个而论的话，其性能并不比家用台式机强大多少。但是这个网络存储的数据量惊人，能容纳不计其数的网络数据拷贝，因此搜索速度能够更快，在眨眼之间便能为数十亿的搜索提交答案。对于这台“超级计算机”，Google 不想对外界透露口风，因为不管怎么说，它都是公司运营的支柱，公司的网络搜索服务、广告投置和电子邮件等诸多业务都要靠它来完成。更别说，这里面存储着大量私人信息和授权软件。比希利亚想通过访问 Google 服务器，来开展“Google 101”计划，而 Google 公司是说什么也不会答应的。这样一来，直接访问公司机器的方法肯定没戏了。所谓“自己动手，丰衣足食”，比希利亚只好自己来搭建计算机集群。比希利亚决定购买价位适中的 40 台计算机组成集群。但是突然要公

① 克里斯托夫•比希利亚 2008 年从 Google 辞职，成为 Cloudera 公司的联合创始人。2010 年 10 月，在《财富》评出 10 大最具头脑人物中获得“最聪明的工程师”称号。

司开出一笔数目不小的花销，这可不是一件好办的事。比希利亚这次干脆来了个先斩后奏，先把订单发出去再说。等到卖家组装电脑集群时，比希利亚才告知 Google 的几名经理将出现一大笔账单。结果出乎比希利亚意料之外的是，等着他拿着花销报告从下到上请示的时候，居然没人反对。事后，比希利亚回忆道："请求原谅比寻求批准容易得多"。于是就这样，2006 年 11 月 10 日，排成阵列的计算机群出现在华盛顿大学计算机科学学院的教学楼里。比希利亚和几个技术负责人得想办法把将近 1 吨重的机柜抬上 4 层放到机房里。他们最终解决了这个问题，并准备在第二年 1 月开始上课。

但是事情到这里还没有结束，硬件不愁了，来教授这门课程的教师又成了问题，比希利亚自然可以参与进来，可是自己毕竟是 Google 的员工，而不是华盛顿大学的专职老师，当初施密特可只允诺比希利亚用自己的 20%的自由时间来做这件事。怎么办呢？比希利亚第一个想到的自然是自己的同事，他们也有 20%的自由时间，如果他们也有兴趣加入这一计划，这些在真实 Google 环境下编程的讲师无疑会提供很大的帮助。事不宜迟，说干就干，于是比希利亚开始游说他的同事。果不其然，位于学校附近的华盛顿州科克兰德 Google 公司分部的一些同事答应了比希利亚的请求。不仅如此，得益于父亲从小对比希利亚生意天赋的培养，比希利亚招募到了一支志愿者队伍。

人手齐了，比希利亚开始和学院的实习生一起设计课程，但是具体教些什么好呢？作为"Google 101"计划的支持者，施密特建议找点让学生们能最容易上手的方面来教。可是在只有两个月的时间里，有什么课程是可以让学生们掌握，并且是真正有用的呢？比希利亚想到了 Google 的核心编程方式 MapReduce，因为这个软件曾经的的确确改变了比希利亚对计算机科学乃至所有事情的想法，相信它也能改变其他人对计算的认识。MapReduce 把每个任务分解为成百甚至上千块小任务，然后发送到计算机集群中。眨眼之间，每台计算机传送回自己的那部分信息，MapReduce 则迅速整合这些反馈并形成答案。同时这个软件也是由华盛顿大学的校友杰弗里·迪安开发的，因此回到母校教授 MapReduce，比希利亚会将这个软件和"这种思考方式"带回源头。但是不巧的是，MapReduce 是 Google

重要的法宝之一，这个软件绝对不允许外界使用，即使是施密特支持的“Google 101”也不例外。这个问题不由让比希利亚大为头疼，不过好在 Google 曾拿出一部分相关信息与一家名为 Nutch 的公司共享，以开发开源版本“Hadoop”。只可惜被雅虎看上希望坐收渔人之利，他们将 Nutch 收入座下，希望依靠 MapReduce 的衍生产物给自己的数据计算提供一点 Google“云”的魔力。不过此时的 Hadoop 已经是开源的，即使是雅虎也不能阻拦比希利亚的团队对其加以应用并免费安装在华盛顿大学的计算机集群中。这样一来，挡在比希利亚面前的问题都被一一解决。

现在总算是万事具备了，“Google 101”课程如约出现在华盛顿大学的冬季学期课程安排中，就这样，听说 Google 的天才工程师来学校传道解惑来了，学生们立即蜂拥而来选修这门课程。起初比希利亚和他的 Google 的同事们还尝试自己教课，不过随着来听课的人越来越多，再加上这些技术狂人和计算机打起交道个个如鱼得水、深谙其道，但是作为教书匠，却常常丈二和尚摸不到头脑。本着授人与鱼不如授人以渔的精神，于是他们及时地把这一工作转交给了华盛顿大学的专职教员。在接下来的时间里，一切照计划进行，学生们学习如何调整自己的程序来适应 Google 计算机，并雄心勃勃地设计开发网络规模的项目，这些项目涵盖了从维基百科的编辑分类到互联网垃圾邮件的鉴别处理等各个方面。2007 年的整个春天，随着“Google 101”课程的火爆，有关这门课程的消息不胫而走，其他大学的院系担心被甩在后面，也纷纷要求参与“Google 101”计划。同时，许多不得不处理浩如烟海数据的研究人员，也迫切希望了解 Google 的处理这些数据的办法和相关知识。

3. 新的转机

各大院系的要求倒是让比希利亚开始为难了，倘若真的要把全球各地的大学都拉入到“Google 101”计划中，又要面临像起步时候的种种问题。其中最麻烦的还是硬件问题，显然为每所大学都配置一个服务器集群是不理智的。最好就是把这些大学要使用的服务器集群都接入到一起。因此比希利亚需要一个更大的服务器集群。但是为华盛顿大学采购安装的那批计算机集群，已经是手段用尽，Google 的那几名经理才不会傻到还像上次那样为比希利亚买单。如此侥幸的事也不会第二次发生了。在比希利亚一筹莫展之际，幸运之神却不期而遇。这位比希利亚的幸运之神就是 IBM 董事长彭明盛。这次彭明盛突然造访 Google，使得这天成了“Google 的彭明盛日”。在体验过 Google 的餐厅传说中的免费大餐①后，彭明盛和他的团队与施密特以及包括比希利亚在内的十几名Google的工程师座谈交流，他们时而在白板上写写画画、时而议论纷纷，他们所讨论的东西，就是日后大名鼎鼎的“云计算”。当然 IBM 也有着自己的算盘，在 PC 领域，微软和英特尔组成了 Wintel 联盟已经是牢不可摧，在 CPU 结构上的设计如果得不到微软操作系统的支持，在 PC 领域上将很难有市场。而作为 Linux 系统等开源软件的领先倡导者，如果能和 Google 在“云计算”这件事上达成合作，他们在软件市场就不用受制于微软。到时候，“云计算”将来就是它们的天下。如此完美的计划，这对双方来说都是绝对有利可图的事情。由于比希利亚的“Google 101”计划，Google 在这件事情上其实已经先走了一步。也正是通过由“Google 101”计划，拉开了由两家技术巨头的首席执行官支持的一项重大计划的序幕。由于两大巨头的一拍即合，比希利亚马上就有了新的任务，那就是把原来 20%时间的兼职工作变成全职工作，当天下午他就被要求和 IBM 公司的丹尼斯·全一道组建由 Google 和 IBM 提供软硬件支持，为众多参与项目的大学提供服务的“云”平台②。于是在接下来的 3 个月中，他们在 Google 总部并肩作战。把 IBM 的商用软件和 Google 的服务器进行整合，并装配大量包括 Hadoop 在内的开源程序。最后在 2007 年 10 月 8 日 Google 和 IBM 共同宣布了一项“大规模分布式计算”推进计划，这项计划主旨在于通过为大学提供软硬件上的支持，降低学术机构和

---

① Google 餐厅的名气，丝毫不亚于这间互联网公司本身。在用料方面不惜工本，水平非一般饭店餐厅可以比拟。Google 公司每年拨给餐厅巨额预算，以便买到优质的食物原料并创建优美的用餐环境，让员工们能快乐地工作，这使得 Google 的厨房风格成为硅谷的一个传奇。Google 餐厅分为中餐区、西餐区、沙拉区和现做区。形式是自助餐，不用刷卡不用付费，吃多少悉听君便。当 Google 总部厨师长辞职的时候，Google 曾在网络上开出优厚条件进行公开招聘，并专门成立了一个“美食品尝委员会”，为最后进入名单的 4 名厨师举行烹饪大赛，让他们为 Google 的员工们制作一道大餐，就连《纽约时报》都曾在头版的“封故事”栏目刊登此事。

② 这个“云”平台也就是后来 Google-IBM 的联合大学“云”的原型。

学生们在学习这种新兴计算技术研究方面的成本，把全球多所大学纳入类似 Google 的计算“云”的行业中。就这样，加利福尼亚大学伯克利分校、斯坦福大学、麻省理工学院、卡内基-梅隆大学以及马里兰大学等高校纷纷参与到“云”的建设计划中来。

于是乎，在“云”的概念下，Google 开始了向全世界描述 Google 的新的商业模式和未来广阔的发展前景，云计算的名字也在世界各个角落流传开来。

4．为什么提出云计算

Google 之所以热切推出“云计算”这个 IT 界的重磅炸弹，一个重要的方面也是和它的盈利方式有关。一般用户可能并不了解 Google 是如何盈利，我们天天使用 Google，但似乎从未为 Google 的搜索服务付过任何费用，其实，天下没有免费的午餐，只不过有人替网民买单而已。Google 是全球最大的“互联网在线广告商”，2012 年的广告收入高达 22.6 亿，据全球知名的市场研究机构 eMarketer 预计，Google 的广告收入在 2013 年将达到 31.1 亿美元，这也是用户不用出钱使用 Google 搜索服务的主要原因。Google 的绝大多数收入来自于广告，其他产品和服务的收入十分有限。Google 能依靠广告收入而成为世界顶级的大公司很大程度上得益于 Google 一直奉行简约的“禅宗”美学，它没有花里胡哨的界面，但却能将最适合的广告推到你的面前。这其中的原因在于：当用户享受着 Google 的各项免费服务(诸如搜索、邮箱、地图等)时，用户的各项偏好，各类使用痕迹都会被 Google 所了解，它们会被反馈到 Google 的数据中心。经过长期的数据积累，Google 就能清楚地掌握用户所感兴趣的资讯是哪些。这时候 Google 再把适合你的广告推到你面前，对于用户来说，恰好这正是用户所需要的，用户不至于感到厌烦。对于广告商来说，这样的广告投放方式更准确，效果更好，广告商自然愿意掏钱。

但是单一的收入来源会带来很大的问题，那就是公司抗风险的能力将会变得很差。譬如经济危机一来，各个企业的广告预算缩减，势必影响到 Google 的利润。怎么办？挖掘自身的优势，发现更多卖点，搞多种经营。那么 Google 有什么优势呢？有人说，Google 的搜索结果精确，所以 Google

的搜索算法是它的独门秘宝。也许在 Google 刚出道的时候，Google 的搜索算法还很吃香，但是时至今日，各大搜索引擎都有自己的独到的搜索方法，Google 已经不能够再一招鲜吃遍天。那么它还有其他的优势吗？实际上 Google 还有一件独步武林的利器，那就是它的集群系统。Google 所处理的数据是一个非常庞大的量，它存储了数十亿的 URL，数百 TB 的卫星图像数据和数亿用户的资料，每天大约要处理超过 20PB[①]的数据量。Google 目前有超过 200 个 GFS[②]集群，每个集群大约有 1000 到 5000 台机器。那么怎样利用这个庞大的计算机集群来发掘财富呢？

恰巧这时候"Google 101"计划的风生水起，让 Google 的高管们看到了"钱途"，不管是学生教授也好，各界 IT 界码农也好，大家如此追捧 Google 的云技术，纷纷效仿 Google 想要来搭建云平台——类似比希利亚为华盛顿大学搭建的众多 PC 机组成服务器集群。Google 正好可以把自己的集群系统推销出去，Google 可以为其他企业提供数据托管服务。很多企业都有相当大的一些数据需要存储和处理，但是完全自己来建集群处理有点得不偿失。这时候这些企业就可以把数据存在 Google 的集群里，而不用建自己的数据中心，只需要定期给 Google 交点托管费就可以。不仅如此，利用这些被追捧的云技术开发出来的应用当然最先的就是 Google 自己的这些产品。这样一来，Google 的产品将马上受到大众的欢迎，Google 的相关服务使用增加了，这就给 Google 创造了更高的流量。流量越大，说明观众越多。对于广告商来说，哪里观众多，就愿意在哪里投放广告，反过来也刺激了 Google 的广告收入。

如此一合计，这个计划简直太完美了。于是乎，在一边加快"Google 101"计划进展的同时，Google 就开始大张旗鼓地制造舆论。造舆论，讲究的是措辞的简练，气势的磅礴。这个新的服务叫什么？用工程师的语言，准确地定义，应当是"超大规模的，可扩展的，低成本但是高可靠性的服务器集群系统"。Google 市场部的人一听，头摇得像拨浪鼓。不行不行，

---

① 1 PB = 1024 TB，1 TB = 1024 GB，1 GB = 1024 MB。

② GFS 是 Google 的分布式文件系统。

既不简练，也没有气势。研究来研究去，于是乎，“云计算”(cloud computing)这个概念粉墨登场了。

5. 竞相追逐云计算

作为一个被认为广泛熟知的词语——“云计算”由 Google 率先提出，而实际上，“云计算”却是先有其实，后有其名。在云计算概念提出之前，就有部分互联网巨头已在公司内部实质上地部署了云计算系统。部署云计算系统的这些公司觉得“云计算”这个词形容自己的先进生产力再合适不过，于是也开始引用“云计算”来给自己的产品包装，就这样云计算开始大红大紫起来。不得不说正是由于这个缘故，云计算并不是白手起家，这也使得云概念在一开始提出的时候，就有着坚实的基础。亚马逊、谷歌的云计算服务发展过程充分说明了这一点。

亚马逊是一家网络电子商务公司，一开始只经营网络的书籍销售业务，发展到后来销售的东西也开始无所不包，包括 DVD、音乐光碟、电脑、软件、电视游戏、电子产品、衣服、家具等等。作为购物网站一大特色就是每逢过节就开始搞各式各样的特价活动，于是在某些特定的时段，比如传统佳节(春节、端午节、中秋节，不好意思，这只是中国，外国人的圣诞节、感恩节同样也不含糊)，又或是非主流的光棍节。人们开始竞相抢购(正中商家下怀)，这时网络上的流量就会激增，为了应对这些突然攀升的流量，亚马逊在 IT 资源的投资上会面临一个尴尬的局面：花大价钱购置的服务器、存储、带宽只是为了应对突发的高峰流量，而在其他大部分时间里，这些资源利用率可能都不到一半。出现问题就得想解决办法，这种情况下，亚马逊就设计了 AWS(Amazon Web Service)，这时候的 AWS 的主要想法还是把平时闲置的 IT 资源利用起来，有那么点“变废为宝”的意思。以 Google 为代表的“云”概念的出现，让亚马逊看到了新的前景，在随后的时间里，亚马逊陆续推出了包括弹性计算云 EC2(Elastic Compute Cloud)、简单储存服务(Amazon S3)、简单队列服务(Amazon Simple Queue Service)和简单数据库(Amazon SimpleDB)等近 20 种云服务，逐渐完善了 AWS 的服务种类。亚马逊通过这些服务项目，在不到两年时间内收获了 40 多万的客户，其中还有不少是企业级用户，根据亚马逊公布的最新财报，国外媒体分析出亚马逊云计算业务，即 Amazon Web

Services 的年收入约为 24 亿美元。云计算下服务业务自然也就成为了亚马逊增长最快的业务之一。

由此可见，AWS 对于亚马逊来说，并不是一个崭新的系统，而是基于原有 IT 系统改造包装，使之适合于向公众开放服务的升级版。在向公众推出 AWS 之初，亚马逊就已经积累了大量的运营经验，保证了云服务的品质。实际上，AWS 最大的用户就是亚马逊自身。

现在来说说谷歌。谷歌在创始之初也可谓是举步维艰，由拉里·佩奇和谢尔盖·布林两个斯坦福大学的计算机系博士生筹建的谷歌获得的投资十分有限，谷歌的第一个办公室不过是加州的一个车库，而员工只有 4 名。自然也就买不起昂贵的商用服务器，但是做搜索引擎无疑还是需要很大的计算量的，怎么办？好的高性能服务器用不起，但是便宜的 PC 还是有的。于是谷歌开始自己攒机，用众多廉价 PC 机来为用户提供搜索服务。靠着"机"多力量大的优势，再加上两位博士生对于技术的重视与追求。他们成功地发挥了这些 PC 集群的作用，不仅满足高性能需要，同时服务器集群稳定性也相当不错。这些 PC 集群的计算能力甚至比普通商用服务器更强大，但是在成本上却远远低于商用服务器。这样，这种技术自然受到追捧。谷歌对这些技术的不断创新和发展，就逐渐形成了现在的谷歌云计算技术。这也就是谷歌的三大法宝——文件系统 GFS、并行计算架构 MapReduce 和并行计算数据库 BigTable。不仅是软件方面，在硬件和网络上，谷歌自己设计了机架架构、刀片服务器①、数据中心、全球网络连接。既然万事俱备只欠东风，谷歌提出"云计算"也算是水到渠成吧。

看到亚马逊和谷歌在云计算上"大展身手"，其他公司自然就坐不住了，纷纷加入云计算的大潮企图分一杯羹。作为有近百年发展历史的传统 IT 厂商的老牌劲旅，IBM 一直在硬件领域有龙头老大之称，但是软件领域却施展不开拳脚。"Google 101"计划让 IBM 看到了发展的前景，IBM

① 刀片服务器是一种 HAHD（High Availability High Density，高可用高密度）的低成本服务器平台，是专门为特殊应用行业和高密度计算机环境设计的。每一块"刀片"实际上就是一块可热插拔的系统主板。刀片服务器能有效提高服务器的稳定性和核心网络性能，并为用户提供灵活、便捷的扩展升级手段。

的云计算之路也正是和 Google 的这次合作开始的。有了 Google 这个强有力的合作伙伴，IBM 马不停蹄，在 2007 年 10 月和 Google 推出高校计划之后，在同年 11 月份，就在中国推出蓝云(Blue Cloud)计划。这也使 IBM 成为传统 IT 厂商中最早发布云计算战略的一个。蓝云计划为商业客户带来即买即用的云计算平台。它包括一系列的自动化、自我管理和自我修复的虚拟化云计算软件，使来自全球的应用可以访问分布式的大型服务器池，从而使得数据中心在类似于互联网的环境下运行计算。随着 IBM、Google 分别将自己的一些项目定名为云计算，云计算这一概念开始迅速普及。在 2011 年，IBM 将其蓝云计划演化为智慧云(SmartCloud)。IBM 将云计算作为支撑其未来发展的四大战略之一，在中国，为了更好地推进云计算的发展，2011 年初，IBM 又将软件、硬件、服务部门各自应战云计算的局面打破，成立云计算事业部。现如今云计算已成为 IBM 当前四大核心发展计划之一，以促进 IBM 不断转型，创造更高价值。作为核心发展计划的一部分，IBM 预计 2015 年云计算收入将达到 70 亿美元。

在各大公司竞相争夺云计算市场的时候，微软也不甘心被甩在后面，微软发展云计算凭借什么？微软最大的资本当然就是它的操作系统，为了推出自己的云计算战略，微软于 2008 年 10 月积极推出了 Windows Azure 操作系统，并确定了自己“云 + 端”的发展战略，Azure 的原意是“蓝色的天空”，因而也有人戏称，微软的 Windows Azure 是想把微软从小小的视窗带到广阔的蓝天上。对于微软来说，作为继 Windows NT 之后最重要的产品的 Windows Azure 的一个重要意义在于，它或许能成为公司的脱困之道。Google 高调宣称，未来所有的计算都可以在“云”里进行，未来的电脑和手机可以退化成一个显示器。这种趋势对微软借助自己占据绝对垄断地位的 Windows 操作系统开发软件然后卖给消费者赚取费用的传统商业模式来说无疑是一个冲击。随着互联网时代带来的剧变，越来越流行的模式是软件免费，然后通过广告来赚钱，Google 正是这种模式的引领者和实践者。虽然微软现在的业绩依然不错，软件的销量也还在攀升，但也掩盖不住人们对微软前景的看淡。Windows Azure 操作系统的推出正是一次绝佳的转型时机，从传统软件转向云计算模式。微软全球 CEO 史蒂夫·鲍尔默曾经在 2010 年的大会上强调云计算技术对于微软的重要性，他表示未来将有90%左右的员工都将从事到云计算的开发中来。而微软对于云计算产业来说也是一个不可或缺的中间力量，微软的“云+端”战略也极其准确地诠释了云计算对于企业和个人消费者的作用。Azure 的底层是微软全球基础服务系统，由遍布全球的第四代数据中心构成。目前，微软已经配置了 220 个集装箱式数据中心，包括 44 万台服务器。微软的操作系统和操作习惯不管是在个人用户还是企业用户中，都有很广泛的影响力。微软可以借助这些优势迅速推广其云计算产品和服务，微软基于云计算的解决方案正在得到越来越广泛的应用。

云计算在我国还处在起步阶段，但是发展势头良好。云计算技术与设备已经具备一定的发展基础。虽然我国云计算服务市场总体规模较小，但追赶势头明显。中国云计算的起步得益于 IBM 公司。中国第一个云计算中心就是 IBM 在无锡太湖新城科教产业园建立的，这个中心为中国的软件公司提供了一个接入虚拟计算环境的能力，以支持这些企业的开发活动。同时，这也是全球首个商业云计算中心。IBM 继续发挥着它高效办事的风格，在无锡的云计算建立一个月后，IBM 又在北京 IBM 中国创新中心成立了第二家中国的云计算中心，这就是 IBM 大中华区云计算中心。值得一说的是，我国企业在云计算发展过程中创造了“云安全”的概念[①]。2008 年 7 月 16 日，瑞星推出了基于互联网的全新安全模式——“云安全”(Cloud Security)计划。这项计划将用户和瑞星技术平台通过互联网紧密相连，组成一个庞大的木马/恶意软件监测、查杀网络。通过大量客户端的参与和大量服务器端的统计分析来识别病毒和木马，这使云安全技术取得了巨大成功。其他致力于安全领域的公司诸如趋势、卡巴斯基、江民、Panda、金山、360 安全卫士等纷纷加入云安全产业并推出自己的云安全解决方案。到 2009 年，世纪互联推出了国内首个基于云计算技术的产品线——CloudEx 服务，提供互联网主机服务、在线存储虚拟化服务等。同时我国的学术界也开始关注云计算的发展，中国移动研究院建立起 1024 个 CPU 的云计算试验中心。解放军理工大学研制了云存储系统 MassCloud，并以

① “云安全”这个 5 名字是瑞星市场总监马刚起的，原本打算叫“安全云”，结果被大家鄙视，以为太土气。

它支撑基于 3 G 的大规模视频监控应用和数字地球系统。中国电子学会专门成立了云计算专家委员会，并在 2009 年 5 月 22 日隆重举办首届中国云计算大会，1200 多人与会，盛况空前，到目前中国云计算大会已成功举办五届，为我国的云计算发展发挥了重要作用。云计算具有巨大的发展潜力，越来越多的 IT 公司将中国作为云计算业务发展的热点区域，为我国带来了难得的历史机遇。推动并加强云计算的研发和创新，将快速培养出一大批 IT 及信息服务领域的新型科研创新人才和团队，帮助国内企业攻克 IT 产业和信息服务领域的关联技术难关，加速信息化建设进程，进而提升工业化水平，以跻身于世界科研创新的前列，促使国家走上资源节约型可持续发展的道路。

1.3　云计算时代的到来

从第一台现代计算机 ENIAC(Electronic Numerical Integrator and Computer)于 1946 年问世以来，以计算机技术为代表的人类信息技术时代已经经过了 60 余载的风风雨雨。计算机的计算模式也不断在发生变化，我们大致可分为四个阶段。

第一阶段，主机计算模式。在大型机时代，计算机的体积之庞大以及价格之昂贵(如 ENIAC 占地 63 平方米，使用了将近 1.8 万只电子管，每小时耗电 25 千瓦，总重量达到 27 吨)，远远超出一般人的接受能力，只能在部分政府和大型企业中使用，即使是这些政府和企业部门也不得不小心翼翼地使用。这些计算机都是单独放在特别的房间里，并由专业人员来操作。当用户需要使用计算机时，要先把需要运行的程序和数据通过卡片或者磁带交给专业人员，然后根据任务的优先级和先后顺序由主机操作人员统一运行这些批处理任务，当运算结果出来之后再由操作人员分发给各个用户。这种基于大型计算机的集中计算方式，一般称为主机计算模式，这是通用计算机出现之后二三十年中最为主要的计算模式。显然，在这种计算方式下，人和计算机之间存在着流程和技术的屏障，计算机的运算不是由用户直接控制执行的。这使得计算机对于一般人而言显得非常神秘，不仅限制了人们对计算的需求，同时也限制了计算机的应用范围。虽然后来随着计算机硬件和网络的发展，主机计算能力迅速提高，其应用方式和范围也有所变化，但是集中于少量大型计算机的模式基本没有改变。

图 1.4 所示为第一台现代计算机 ENIAC。

图 1.4　第一台现代计算机 ENIAC

第二阶段，客户/服务器(C/S，Client/ Server)模式。随着集成电路技术的发展，集成电路上可容纳的晶体管数目越来越多，计算机的体积也越来越小，同时价格也越来越低，使得个人计算机产业开始蓬勃发展。个人计算机的蓬勃发展和局域网技术的成熟使得用户通过计算机网络共享资源成为可能，从而出现了一种新的计算模式。虽然个人计算机相对于大型计算机的资源有限，但是在网络技术的支持下应用程序不仅可以利用本机资源还可以通过网络共享其他联网计算机的资源。这种分布式的计算模式与传统集中的主机计算模式被称为客户/服务器(C/S)模式。C/S 模式充分发挥了客户端个人计算机的处理能力，许多工作可以在客户端处理完后再提交给服务器，这同时也降低了网络负担。随着个人计算机的普及，C/S 模式从 20 世纪 80 年代中后期开始逐渐替代主机计算而成为广泛使用的企业计算模式。

第三阶段，浏览器/服务器(B/S，Browser/Server)模式。从 20 世纪 90 年代中期开始，计算机网络的迅速发展，使万维网和浏览器在普通用户之间得到普及。人们可以很方便地通过浏览器在万维网上搜寻和浏览信息。万维网的发展推动了一种新的计算模式的出现，这种模式被称作浏览器/

服务器模式。B/S 模式继承和发展了之前 C/S 模式中的一些计算特点，但是具有 C/S 模式所不及的许多优点，比如更加开放、应用的可扩展性和系统维护更加方便等。在 C/S 模式中，不同的操作系统需要对应不同的语言和开发工具，客户机上除了负责图形显示和事件输入外，还包含了一部分应用逻辑和业务处理规则的实现，因而越来越臃肿，应用开发的重点主要落在客户机上。由于客户机配置了大量的应用软件，软件的变动和版本升级，以及硬件平台对软件的支持能力等都造成了整体应用系统管理维护成本的上升。而在 B/S 模式下，应用逻辑和业务处理规则的实现都在服务器端，这样客户端可以做得非常简单，其最常见的形式就是一个浏览器。B/S 模式简化了客户端的要求，主要计算工作都在服务器端完成，计算又一次开始向服务器端集中，计算方式进入了 Web 时代。

第四阶段，云计算模式。2000 年以后基于 Web 的应用蓬勃发展，各类互联网应用层出不穷。不仅如此，互联网的使用量以及网民数也大大增加。据 2013 年的中国互联网络发展状况统计报告，截至 2012 年 12 月底，我国网民规模达 5.64 亿，全年共计新增网民 5090 万人。互联网普及率为 42.1%。总结过去六年中国网民增长情况，从 2006 年互联网普及率升至 10.5%开始，网民规模迎来一轮快速增长，平均每年普及率提升约 6 个百分点，尤其在 2008 年和 2009 年，网民年增长量接近 9000 万。新的网民增长对互联网的使用要求也越来越大，同时由于网络上的信息的激增，如何帮助如此众多的用户处理如此众多的数据，这远远超出一般服务器的处理能力，因此互联网中各类服务提供商又寻找一种新的技术实现方式，这种方式发展到后来就成为了云计算。在云计算的模式下，通过大量廉价和规整的硬件构建能容纳海量数据的大型数据中心。如此大的数据量自然不能再依赖单一的物理服务器来处理，于是，分布式的架构模型和处理方式被使用在这些数据中心之中。

图 1.5 所示为 2013 年中国互联网络发展状况统计报告柱状图。

最后，我们发现在绕了一大圈之后，似乎又回到了原点。在计算机刚诞生的时候，主要计算模式是主机与终端机的模式，大量的计算资源在主机里，终端机只是去访问而已。随着后来单个计算机性能的提升与成本的降低，计算模式演进为服务器与 PC 互动的阶段，只有海量的运算放在服务器端的数据中心，而一般的运算 PC 本地就足以完成。但是随着互联网的发展，我们发现运算资源开始从 PC 端逐渐又整合回了大型的数据中心端，即回归到主机、终端的形式。

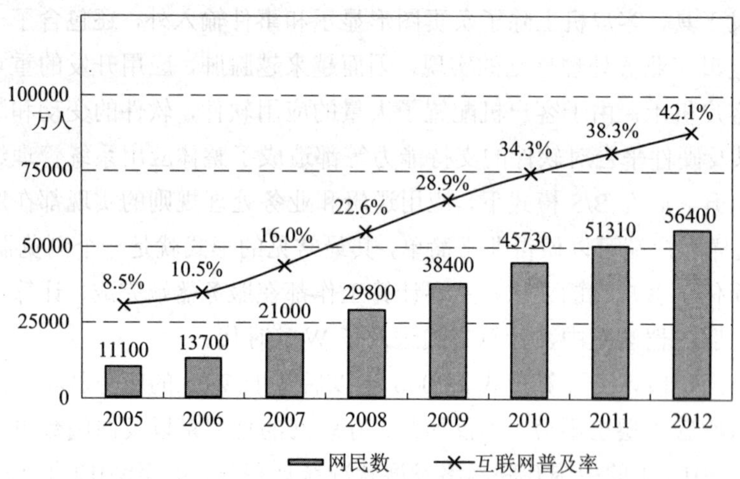

图 1.5 2013 年中国互联网络发展状况统计报告：中国网民规模与互联网普及率

云计算的时代终于到来，下面是云计算发展的一些重大事件，了解这些事件以帮助读者更好地理解云计算的发展历程。

2006 年 8 月 9 日，Google 首席执行官埃里克·施密特(Eric Schmidt)在搜索引擎大会(SES San Jose 2006)首次提出“云计算”(Cloud Computing)的概念。Google“云端计算”源于 Google 工程师克里斯托弗·比希利亚所做的“Google 101”项目。

2007 年 10 月，Google 与 IBM 开始在美国大学校园，包括卡内基梅隆大学、麻省理工学院、斯坦福大学、加利福尼亚大学伯克利分校及马里兰大学等，推广云计算的计划，这项计划希望能降低分布式计算技术在学术研究方面的成本，并为这些大学提供相关的软硬件设备及技术支持(包括数百台个人电脑及 BladeCenter 与 System x 服务器，这些计算平台将提供 1600 个处理器，支持包括 Linux、Xen、Hadoop 等开放源代码平台)。而学生则可以通过网络开发各项以大规模计算为基础的研究计划。

2008 年 1 月 30 日，Google 宣布在台湾启动“云计算学术计划”，将与台湾台大、交大等学校合作，将这种先进的大规模、快速的云计算技术

推广到校园。

2008 年 2 月 1 日，IBM 宣布将在中国无锡太湖新城科教产业园为中国的软件公司建立全球第一个云计算中心(Cloud Computing Center)。

2008 年 7 月 29 日，雅虎、惠普和英特尔宣布一项涵盖美国、德国和新加坡的联合研究计划，推出云计算研究测试床，推进云计算。该计划要与合作伙伴创建 6 个数据中心作为研究试验平台，每个数据中心配置 1400 个至 4000 个处理器。这些合作伙伴包括新加坡资讯通信发展管理局、德国卡尔斯鲁厄大学 Steinbuch 计算中心、美国伊利诺伊大学香宾分校、英特尔研究院、惠普实验室和雅虎。

2008 年 8 月 3 日，美国专利商标局网站信息显示，戴尔正在申请“云计算”(Cloud Computing)商标，此举旨在加强对这一未来可能重塑技术架构的术语的控制权。

2010 年 3 月 5 日，Novell 与云安全联盟(CSA)共同宣布一项供应商中立计划，名为“可信任云计算计划(Trusted Cloud Initiative)”。

2010 年 7 月，美国国家航空航天局和包括 Rackspace、AMD、Intel、戴尔等支持厂商共同宣布“OpenStack”开放源代码计划，微软在 2010 年 10 月表示支持 OpenStack 与 Windows Server 2008 R2 的集成；而 Ubuntu 已把 OpenStack 加至 11.04 版本中。

2011 年 2 月，思科系统正式加入 OpenStack，重点研制 OpenStack 的网络服务。

2011 年 6 月，苹果发布音乐流和在线数据存储服务——iCloud。iCloud 服务能够将用户在 Mac、iPad 和 iPhone 上的文件自动存储到苹果的个人服务器上，用户可在不同介质里同步分享自己的文件。

2011 年 10 月，国家发改委扶持北京、上海、深圳、杭州、无锡 5 个城市 15 个云计算示范项目，首批近 7 亿元的专项资金下拨。获得这批扶持资金的企业有联想、百度、腾讯、阿里巴巴、华胜天成、华东电脑、金蝶软件等。

2011 年 10 月 6 日，甲骨文首席执行官拉里 • 埃里森(Larry Ellsion)宣布将推出甲骨文公有云(Oracle Public Cloud)服务，以及甲骨文社交网络(Oracle Social Network)平台。

2011 年 10 月 13 日，谷歌宣布推出云存储服务——Cloud Storage。该服务从推出之日起，到 2011 年 12 月底，都处于免费测试阶段。谷歌不对上传数据收取费用，一旦用户的数据超过免费提供的测试空间，谷歌将收取每 GB 每个月 13 美分的费用。

2011 年 10 月 20 日，盛大集团旗下的公有云平台“盛大云”——MongoIC 正式对外开放。这是中国第一家专业的 MongoDB 云服务，也是全球第一家支持数据库恢复的 MongoDB 云服务。

2011 年 11 月 29 日，联想发布“个人云”，承诺为个人用户提供每人最大 200G 的云空间。用户可以自由存取多种格式的文件，并享受数据的实时备份和同步，实现各类终端之间的数据同步更新和任务的无缝切换。

2011 年 12 月，全球最大的网络商用管理软件销售商 Salesforce 宣布收购云平台社交管理公司 Rypple。Rypple 拥有包括 Facebook、互联网音乐服务商 Spotify 在内的 350 个客户。

2012 年 1 月，RIM 联合微软发布针对 Office 365 黑莓商用云服务。该服务让用户可以通过微软托管的消息平台 Exchange Online 对黑莓手机进行管理。

2012 年 2 月，甲骨文 19 亿美元收购人才管理软件厂商 Taleo。

2012 年 3 月，英特尔发布至强 E5-2600 系列处理器。作为目前云计算平台计算的基础，新一代英特尔至强 E5 系列处理器的推出，相比之前至强 Westmere 处理器提供更强大的性能，最大支持 8 核心，16 线程技术，三级缓存更是达到 20MB，同时提供 AVX 强大指令集功能，功耗也很好控制在企业应用的一定范围内。

2012 年 4 月，思杰将 CloudStack 带入 Apache 软件基金会。

2012 年 10 月，欧委会正式向欧盟理事会和欧盟议会提交了“云计算发展战略及三大关键行动”建议(草案)，旨在加速欧盟云计算服务建设，加强云计算技术研发创新和基础设施投入强度，通过两年时间的加倍努力，把欧盟打造成云计算服务的强势集团，为 2014—2020 年期间的欧盟云起飞(Cloud Take-off)夯实基础。

蓝天下的云——云计算产生的背景

当然云计算的出现不是一蹴而就的，从某种角度说，云计算是技术发

展的产物，甚至有人说云计算不过是已有技术的最新包装，也有人认为云计算是设备厂商和软件厂商新瓶装旧酒的商业策略。我们从宏观的角度认为，云计算的出现是由于社会、经济发展的需求推动和技术与商业模式上逐渐成熟的共同作用下所导致的结果。

从经济层面上说，全球经济的一体化发展促使各国和各地区的商业公司寻求合作与共同发展，同时对全球的资源的优化配置提出了新的要求。而各国和各地区由于各方面的因素，优势和产业资源都会不一样，出于成本和效率的考虑，向其他公司租用各种服务与资源的模式就会更加满足大众的口味。

从社会层面上说，随着互联网技术的发展，网民的数量开始急剧增加，如何高效地满足数量众多的个性化需求，也促使了云计算相关技术的发展。同时在国家政策上，“十二五”规划对物联网、三网融合、移动互联网以及云计算战略的大力支持，这些都使得云计算发展成为一个自然的趋势。

从技术层面上说，在摩尔定律下①，半导体芯片技术不断发展。这使得计算机的计算能力、内存容量、磁盘存储容量也相应快速地提升。这样，硬件能力增加了，而成本却大幅降低。建设大规模数据中心所需的资金也相应降低，这使得利用可观硬件能力实现经济效益成为可能。不仅是机器硬件，网络间的带宽和可靠性都有了很大程度上的提高，同时，随着虚拟化的技术走向成熟，如何有效分配和管理这些硬件资源不再是难题。正是虚拟化的技术的广泛应用，存储在“云”中的各类资源(计算能力、存储能力以及各项服务)才能被用户无差别地使用。虚拟化技术使得不同的应用和服务运行在不同的虚拟机上，各用户感觉不到其他用户的存在和影响，仿佛整个机器都是自己在使用一样。通过虚拟化技术，资源被按需分配和调度，多个用户可以同时使用，充分发挥资源的最大效益。不仅如此，Web2.0 技术的出现，用户不仅越来越习惯从互联网上获取所需的应用和服务，同时也在互联网上保存和分享自己的数据。每天互联网都要接受海

① 摩尔定律是指当价格不变时，集成电路上可容纳的晶体管数目约每隔 18 个月便会增加 1 倍，性能也将提升 1 倍。

量的数据，如何提供充足的资源保障应用和服务数据的增长。这些都是云计算产生的原动力。支持 3 G 技术的发展，使得无线通信更好地和互联网结合在一起，为云计算提供了更为广阔的发展空间。3 G 是第三代移动通信的简称，它支持高速数据传输，能够提供 2 Mb/s 以上的宽带，3 G 更好地支持了语音、视频、图像等大数据多媒体业务的运营。但是作为终端的手机、上网本等计算能力和存储能力十分有限，这也促使了移动互联网对云计算的需求。在云计算的环境下，3G 用户的手机作为云端，发送需求和接受返回结果，而将大部分的计算和存储需求委托到云里。人们可以用一个手机终端而享受 PC 一样的用户体验。

1.4　有“云”的软件应用

在 Google 发布了“Google 101”计划后，各大 IT 公司也不甘落后，诸如英特尔、IBM、亚马逊等公司都纷纷投身云计算的世界。从诞生伊始，云计算便注定为数字世界带来一场翻天覆地的革新，不少业界人士将云计算看作是继个人计算机、互联网之后的第三次信息技术浪潮。由于云计算的发展，各式各样的云应用让我们眼花缭乱，同时为我们的数字生活方式开启了新的篇章。正是因为有了这些云应用，才使得我们的终端设备得到了解放，让轻便简洁的平板电脑和智能手机借助“云”的力量能完成许多不可思议的工作。同时，它还使得我们的数据存储更加安全与快捷。倘若没有云技术，如果电脑损坏或者丢失，我们只能眼睁睁地看着数据泄露或者丢失。但是有了云技术就不一样了，我们把数据放在互联网的某处——我们将称之为“云端”，这样我们可以使用多种终端设备在互联网的帮助下找到我们所存储的信息，如此，不仅方便快捷，同时也消除了由本地存储设备故障带来的数据丢失的烦恼。

与云计算相关的许多分布式、虚拟化技术，也许足够让我们普通用户一头雾水。对于普通用户而言，他们更关心云计算能为他们提供什么，那些基于云的各类应用才是普通用户关心的重点。因此众多的软件开发者们，更是利用云计算平台的特性和影响不断地开发出新的应用。这些应用

也给我们带来了全新的工作和生活体验。下面列举一些新的体验。

1. 云里的办公

云应用版的办公软件使我们的办公地点再也不用局限在公司几平米的小格子中，即使我们身在外地，仍可通过移动设备访问在公司时编辑的文档，与同事共享日程安排。

云技术的应用将各种办公应用程序转移到云端的服务。现在就有不少云办公的软件，例如，微软 Office 365、Google Docs、91 云办公和 35 互联云办公等。作为办公软件领域的传统霸主微软，Office 365 兼容大多数浏览器、智能手机和桌面应用程序。用户可以从任何位置访问电子邮件、文档、联系人和日历，随时掌握最新信息，具备企业级安全性和可靠性，并可以根据独有需求提供量身定制的 IT 控制和效率。这是一项收费应用，有小企业版和企业版两种选择，小型企业每位用户每月使用费用为 6 美元；对中型和大型企业以及政府机构，每位用户每月 2 美元。早在微软之前，谷歌就推出了专为企业级用户定制的商用服务，包括 Gmail、谷歌日历、谷歌文档等，在各种不同操作系统和设备上更出色地为用户提供自如的工作体验。

2. 云存储分享

在“云”中，最简单和基础的应用莫过于为用户提供存储服务，当然不止是存储，用户同时也可以和好友或客户分享这些存储在“云”中的资源，它们可以是一般的文档资料，或者用户喜欢的音乐、视频、图片等，甚至可以将通讯录、短信、通话记录等存储到云端服务器，在任何需要的时候再从“云”中取出到你的终端设备，彻底告别数据线和麻烦的复制粘贴。在其他一些云技术的帮助下，“云”能够根据用户的一些喜好，智能地帮助用户寻找符合用户需求的信息，同时用户也可以在“云”里与好友分享这些音乐。此外，在许多日常应用中，云技术也能够提供更人性化、更完美的服务。苹果 iCloud 可以让用户轻松访问所有苹果设备上的一切内容，并自动同步所有设备中的文件、图片、音乐、日程表、邮件、联系人目录，修改文件后还能自动将修改同步到所有苹果设备并对旧文件备份。亚马逊 Cloud Drive 可以让用户播放购买的音乐或访问电脑、智能手机和

Android 平板电脑中的相片、视频、文档等其他数据文件。宏碁在新推出的 A500、W500 平板电脑及所有搭载 Windows 7.0 系统的笔记本电脑中都安装了 clear.fi 应用程序，它是一款能为你轻松打造家庭娱乐分享平台的软件，彻底解决了设备发现、设备互联、文件搜索以及文件分类存储等一系列问题。以 A500 平板电脑为例，用户不仅可以在已经连接的本地设备中播放多媒体文件，还可以通过云计算享受喜欢的多媒体内容，在“云”中查找和播放视频、音乐。A500 的 clear.fi 还能将本地文件和公共云媒体库的文件按照用户的偏好进行整合，在一个统一的媒体库中显示出来，大大降低了调用多媒体文件的难度，简化了操作，用户只需要点击文件进行播放即可。

3．云音乐

在云音乐中，用户不仅可以在丰富的数码音乐库里在线寻找喜欢的歌曲，还可以随时与好友互相推荐分享。更能通过 PC、手机、Pad 等不同终端同步收听。Apple、Amazon、Google 和 Sony 等国际公司及部分国内公司都推出了自己的音乐云存储服务。

4．云输入法

云输入与传统的输入法不同，使用传统的输入法我们不得不下载一个输入法的软件，而云输入不需要安装在我们的本地电脑，只要我们能够上网，就能使用云输入，这大大增强了它的兼容性，也方便了用户的使用。不仅如此，在传统的输入法下，我们的词库一般是放在本地电脑中的，而云输入法的词库放置在强大的专用服务器中，理论上词库和语言模型库是无限大的，所以准确率也就更高。此外，它可以记忆用户的输入习惯，这样即使换台电脑，用户也无需担心自己训练好的词库再次回到初始状态。

第 2 章

云计算的方方面面

2.1　所谓云计算

2009 年，一部名为《夏日大作战》的科幻影片虚拟了一个云生活的乌托邦世界，叫做 OZ 世界，现实世界几乎所有人都有一个 OZ 账号，人们在 OZ 世界里不但可以购买到现实中所有商品，还可以在这里办理税收手续、为现实的自己申请贷款，从这里了解医院的医疗资源、收到现实道路的交通情况……总之，所有公共服务以及所有经济信息都在同一个平台上自由流通，在这里，现实世界与数字世界的生活完全统一了。

影片中，一个人随便拿个智能手机，就能在这个虚拟世界闲逛。玩过游戏的人都知道，越复杂的游戏包含的数据容量就越大。2011 年，IDC 的数据显示，全球的数据产生量达到了 1.8 万亿 GB。OZ 先进到与现实接轨，每天产生数据并不会比现实世界低，难怪看过电影的人高呼，如此先进的技术，只能是云计算了。

2.1.1　对于云计算的理解

云计算的出现是以互联网为前提的。在互联网技术还在初步发展的时候，互联网就经常被用类似“云”这样的概念描述。在互联网中，有多少台计算机，多少台路由器，它们是如何工作的，对于互联网的一般使用者而言，是不必了解的。因此，许多时候我们习惯在画图的时候用一朵云来表示互联网，代表经过互联网的处理过程对用户是透明的，我们不必关心网络的转发和处理过程，而把注意力集中在自己的 PC 端或是我们获得资源的服务器端就好。现今的云计算，实际上就是把原本在个人计算机或公司服务器上所进行的信息处理搬到了“云”中，通过我们不清楚的“云”——互联网进行处理。因此也有人把云计算理解为“云”= 互联网，“计算”= 信息的处理，合在一起就是在互联网中进行的信息处理。

这样说起来，云计算是不是就可以叫做网络计算呢？网络计算要处理的文件通常存放在某一独立的服务器上，很多时候这些服务器也是使用网络计算服务的公司自己提供的，云计算则要比网络计算所包含的内容宽泛的多，它不再只是局限在一家公司、一台服务器中，云计算提供的服务通过互联网可以被世界各地的人们或者企业访问使用，而网络计算，通常只能在公司自己的内部网络中使用。

要理解云计算，关键在于要理解“云”这个词。一般来说，云就是许许多多各式各样的计算机互联在一起的计算机群，这些计算机可以是我们一般人使用的个人电脑，也可以是用于商业的网络服务器。借助这些计算机群，云计算所提供的各种应用就能很方便地实现跨平台的多用户使用。同时由于云服务的访问是通过互联网完成的，任何得到授权的用户都可以从任何一台计算机上，通过互联网来访问这些服务，与众不同的是，对于一般使用者而言，实现这些服务的技术和基础设施是不可见的，这些不同技术和基础设施提供的服务对于用户是没有什么差别的。

有个形象的比喻是这样描述云计算的：云计算好比是从古老的单台发电机模式转向了电厂集中供电的模式。以前我们电力资源是独立的资源，谁想用电了，就得买台发电机，哪天发电机坏了，就意味着你没电用了。计算资源就好比电力资源，没有云计算的时候，我们使用的计算能力都要从自己电脑上获得，我们的资源一般也都放在自己的硬盘上。但有了云计算就不一样了，我们想使用计算机资源的时候就像用电一样，架好了电线就可以从电厂使用电力资源。也许云计算发展到了后来，我们只需要一根网线，就可以完成各类计算机操作。

Google 中国前总裁李开复对云计算也有个类似的比喻：钱庄。最早人们只是把钱放在枕头底下，后来有了钱庄，很安全，不过兑现起来比较麻烦。现在发展到银行可以到任何一个网点取钱，甚至通过 ATM，或者国外的渠道，就像用电不需要家家装备发电机，直接从电力公司购买一样。

虽然云计算概念很火，但是对于云计算的具体定义却是百家争鸣，到目前也没有一致的说法。通常云计算的技术开发者们和云计算服务的提供和使用者们的回应总是不大一样。其实，这不过是由于“不识庐山真面目，只缘身在此山中”的缘故，看待云计算的角度有所不同，自然得出的结论也不尽相同。

从云计算服务使用者的角度来说，他们想要的是服务，是资源。云计算对他们而言只不过是大多数人使用的“日用品”，至于这些“日用品”是如何生产的，他们毫不关心。当然与普通日用品不同的地方，在于他们所获得的这些计算机资源和软件服务是可以变化的，就像孙悟空的如意金箍棒一样，当用户的业务需求发生了变化，这些资源和服务的规模也相应增大或者减少，以满足用户的胃口，而用户只需要按照使用量来支付租用的费用即可。

从云计算服务提供商的角度来说，他们关心的事情是如何通过云计算技术使他们手头的资源满足用户的需求。就是通过调度和优化的技术，针对用户的直接需求，管理和协同大量的计算机资源，并且这些计算机资源和软件服务都在互联网上进行发布，允许用户直接利用互联网来使用这些计算机和服务。根据用户对资源的使用量来进行计费，实现云计算系统运营的盈利。

从云计算技术研究者的角度来说，他们就要研究云计算使用的这些技术的来龙去脉，如何改进或者发明新的技术来满足云计算的客户和服务提供商的要求。他们通常会说，云计算是由分布式计算、并行处理、网格计算发展来的，通过虚拟化技术和面向服务的系统设计等手段来完成资源和能力的封装以及交互，并且通过互联网来发布这些封装好的资源和能力的一种计算模型。

对于云计算的一般使用者而言，我们不需要去讨论云计算的技术如何，但是我们了解如下所述的云计算的特征有助于我们更好地理解云计算：

(1) 按需使用服务。这个容易理解，就是云计算的自助餐服务。我们要多少就用多少，按照实际使用量付费，而不需要管理它们。

(2) 可计量的服务。既然可以按需求的多少来决定使用多少服务，这必然意味着这些服务是可以按使用多少来付费的，那么使用的量也必须是

可以计算的。

(3) 弹性伸缩。参照按需使用，用户想使用云中的资源多少就使用多少，那么云计算技术提供的服务当然就应该是有弹性的，它能根据应用和用户规模增长的需要有弹性地实现快速扩容。

(4) 超大规模。对于使用云计算的人来说，其所提供的资源和服务近乎无限，就像用水和用电一样，用户不用担心水厂还剩多少水，电厂还有多少电，总之，我们想用就能用。就 Google 来说，目前 Google 有超过 200 个 GFS 集群在运行，而每个集群大约有 1000 到 5000 台机器。这些庞大的计算机集群提供给了用户看似无穷的服务体验。

(5) 计算能力和资源的虚拟化。虚拟化是云计算的重要特点之一，为了实现按需动态分配资源，云计算通过虚拟化技术将提供商的服务器、存储、网络等资源汇集形成一个巨大的资源池。基于这样的资源池，云计算按照多用户的租户模型，根据用户的不同需求将不同的物理和虚拟资源动态地分配给不同的用户使用。

(6) 不受地域限制的网络访问。当用户要使用云计算时，就向云计算索取这些服务和资源，但是所请求的资源来自“云”，应用也在“云”中某处运行，用户对此一无所知(实际上用户也不需要知道应用运行的具体位置和使用的具体资源)，用户不关心资源从哪里来，云计算也不关心用户从哪里要，用户可以在各种场合和各类终端通过互联网接入，访问“云资源”。也就是说，只要能接入网络，用户就能够得到云计算的服务。

图 2.1 所示为云计算的基本特征。

图 2.1　云计算的基本特征

2.1.2 分类提供云服务

我们使用云计算，自然是为了得到云计算提供的服务。一般来说，利用云计算提供的任何服务我们都可以称之为云服务。不过用的人多了，要求自然也就不一样，所谓众口难调，但是云计算现在名声炒得这么热火，赔本赚吆喝可不行。于是，云计算根据用户不同的使用需求设计了不一样的销售方式。根据不同的服务类型[①]，云计算一共设计了三种销售方式：基础设施即服务(Infrastructure as a Service，IaaS)、平台即服务(Platform as a Service，PaaS)、软件即服务(Software as a Service，SaaS)。

1．基础设施即服务

所谓基础设施即服务，就是把云计算最基本的能力直接当做服务卖出去。人有最基本的四件大事：衣、食、住、行。如果把云计算比作“住”的话，基础设施即服务就相当于把钢筋水泥和砖头卖给客户。因此，这类服务的作用是将各种底层的计算(比如虚拟机)和存储等资源作为服务提供给用户。为用户提供最基本的计算和储存能力，也是云计算最基本定义所覆盖的范围。简单地说，就是用户可以通过网络按照服务的方式租赁、管理一些计算机系统，并在这个系统上部署自己的应用，比如建 Web 网站。这样，企业为完成某些大型目标，就不必单独去购买、管理价格不菲的计算机硬件设备了。

IaaS 的主要产品包括 Amazon EC2、Linode、Joyent、Rackspace、IBM Blue Cloud 和 Cisco UCS 等。

2．平台即服务

平台即服务就不再是卖砖头，它更高级一点。云计算服务提供商自己设计图纸把房子给做好了，但是没装修，是个“毛坯房”。至于里头要怎么修整，让客户自己来。这类服务提供给用户的是一个应用的开发和部署平台。此种模式中，服务供应商通过提供工作平台来帮助客户，这个概念

① 服务类型也可以理解为云计算为用户提供了什么样的服务，通过这些服务用户可以获得什么样的资源。

的理解对于非专业人士可能有些难度，但我们理解到这个程度就好了：很多程序开发员在设计一些新的程序的时候，除了自己创新的部分以外，还要进行大量的基础架构的建设，而借助云计算提供的 PaaS 平台，程序开发员可以轻易地获得各种基础模块，只需把自己的注意力集中到这些模块之上的创新部分就可以了。因此有的也将 PaaS 称做“云计算操作系统”。

PaaS 的主要产品包括 Google App Engine、force.com、heroku 和 Windows Azure Platform 等。

3. 软件即服务

软件即服务在“毛坯房”的基础上更进了一步，按照现在流行的款式，改门面的改门面，移窗户的移窗户，再把里里外外都装饰一遍，摆上家具，通上水、电、煤气，摇身一变成了“精品房”，客户只管住进来就是。所以在这类服务中，云计算服务提供商将现成应用主要以基于 Web 的方式提供给客户，一般用户接触云计算服务也就是这类。这样用户使用的软件好比是家具，由于是租的房子，用户自然无需自己购买，就像交房租一样，按使用的量(住房子的天数)付费给提供商就好。云服务供应商负责安装、管理和运营各种软件，而客户则通过云接入网络来使用它们。

SaaS 主要产品包括 Salesforce Sales Cloud、Google Apps、Zimbra、Zoho 和 IBM Lotus Live 等。

上述三层服务是独立的，因为它们提供的服务是完全不同的，而且面向的用户也不尽相同。但从技术角度而言，云服务的这三层是有一定依赖关系的。比如，一个 SaaS 层的产品和服务不仅需要用到 SaaS 层本身的技术，而且还依赖 PaaS 层所提供的开发和部署平台或者直接部署于 IaaS 层所提供的计算资源上，而 PaaS 层的产品和服务也很有可能构建于 IaaS 层服务之上。相比较而言，在 IaaS 方式下，为用户提供了接近原始的计算机资源，这相对其他方式灵活性更高，但是相对用户而言，它的使用难度也更大。而 PaaS 方式，提供的主要是应用所使用运行的环境，这种方式既兼顾了使用的灵活性，又考虑了一定程度下用户的使用难度。而 SaaS 为用户提供了特定功能的应用，这种方式对用户最友好。PaaS 是通过将应用直接剥离出去，将平台留下来，而做云计算资源的人就专心做好自身的调度和服务。这种方式使做 SaaS 的人可以专注于自己所熟悉的业务，即

为别人提供软件和服务的应用。

2.1.3 因地制宜部署云计算

云服务提供商们不仅根据用户的使用需求把自己的云服务包装成三种层次提供给用户，同时考虑到使用其服务的对象不同，云服务的提供范围也不一样。因此云计算根据是否公开发布其服务，分为三种部署模式，即公共云、私有云和混合云。

1．公共云

公共云的服务主要是面向大众。也就是说，这些公共云提供的服务对一般人都是开放的，就像大多数公园一样，算作公共设施，大家都可以使用。这些服务的供应商为外部客户提供服务的云，而不是自己用。当然，既然是公共设施，大多数公共云都是免费的，但是也有个别例外，因此少部分的公共云还是要按使用量来付费的。公共云模式只能使用互联网来访问和使用，提供给用户的资源也比较丰富，包括各类的应用程序、存储和其他服务等。同时，公共云模式在私人信息和数据保护方面也比较有保证，这种部署模型通常都可以提供可扩展的云服务并能高效设置。目前，典型的公共云有亚马逊的弹性计算云(Amazon EC2)、IBM 的 Blue Cloud 和 Sun Cloud、谷歌的 AppEngine、Windows 的 Azure 服务平台，以及国内的阿里巴巴、用友伟库等。

对于使用者而言，公共云的优点是其所应用的程序、服务及相关数据都存放在公共云的提供商处，自己无需做相应的投资和建设，并且，企业不必像拥有私有云那样去购买、安装、操作或运维服务器或其他设备。在一个公共云的服务供应商提供的平台上，企业只需使用或开发他们自己的应用程序即可。同时公共云也面临一定的问题，由于数据都存放在公共云提供商的数据中心，不存储在本地，其安全性存在一定风险。另外，公共云的可用性不受使用者控制，这方面也存在一定的不确定性。公共云同时也是为真正的多租户环境所设计的，允许大量的用户来共享供应商提供的计算资源，这种业务模式使得公共云服务极具成本效益。经过专家的分析，因为没有资本开支，所以公共云的成本远远低于一个传统的数据中心或私有云。对于用户而言，这也是相当便利和灵活的，因为企业只需支付他们实际使用的计算资源即可。

2. 私有云

私有云的使用对象主要是企业自己，它所有的服务不是供别人使用，而是供企业内部人员或分支机构使用。私有云比较适合于有众多分支机构的大型企业或政府部门。私有云下的基础设施专门为某一个企业服务，不管是自己管理还是第三方管理，自己负责还是第三方托管，都没有关系，只要使用的方式没有问题，就能为企业带来显著的帮助。不过这种模式所要面临的是纠正、检查等安全问题则需企业自己负责，否则出了问题也只能自己承担后果。此外，整套系统也需要自己出钱购买、建设和管理。这种云计算模式能够非常广泛的产生正面效益，从模式的名称也可看出，它可以为所有者提供具备充分优势和功能的服务。相对于公共云，私有云部署在企业内部，因此其数据安全性、系统可用性都可由自己控制。由于私有云的服务提供对象是针对企业或社团内部，其所提供的服务可以更少地受到在公有云中必须考虑的诸多限制，比如宽带、安全和法规等。通过用户范围控制和网络限制等手段，私有云可以提供更多的安全和隐私保护。私有云模式的缺点是投资较大，尤其是一次性的建设投资较大。随着大型企业数据中心的集中化，私有云将会成为这些企业部署 IT 系统的主流模式。

3. 混合云

混合云是综合“公有云”和“私有云”的一种方式，指供自己和客户共同使用的云，它所提供的服务既可以供别人使用，也可以供自己使用。相比较而言，混合云的部署方式对提供者的要求较高。企业可以利用公有云的成本优势，将非关键的应用部分运行在公有云上；同时将安全性要求更高、更关键的部分运行在私有云上。使用混合云的用户并不会感觉到其所接入的云的不同，只要能够提供所需的服务即可。

混合云综合了私有云和公共云的优点，但是无法取代它们。很简单的一个问题就是：对于那些连数据中心都建不起的企业，无法实现混合云。私有云更是大企业的专享，但是当达不到一定的规模时，实现云计算比传统 IT 架构更花钱。从云计算演进来讲，私有云是第一步，中国中化集团

公司现在已经建成了企业云平台，不过值得注意的是，中化集团是全球财富 500 强企业，私有云的成本还是太高了。混合云是云计算演进的第二阶段，从应用上看，一部分业务交给服务提供商，核心业务保留在自己的数据中心，降低了云计算应用的门槛，大部分企业都用得起。公共云是最后实现的，也是受益人数最多的，能够使大部分人都享受到云计算。但从应用角度来看，它更适合于消费级应用，而不是企业级应用。未来云计算的格局就是私有云、混合云、公有云三者并存。

2.1.4　云计算能带来哪些好处

1．解决软件升级的烦恼

在使用电脑时，我们经常会遭遇各种各样的烦恼。在互联网上，总是有各种各样讨人喜欢的软件，于是，我们就把它下载到本地计算机并安装它。但是随着装在电脑上的软件越来越多，我们的计算机也越来越慢，动不动就出现负荷太重而死机的情况。同时，我们使用的软件也经常需要更新，隔三差五地更新不由得让人心烦。不仅是个人，对于许多公司来说也是如此，公司的服务器和一些软件经常需要维护，甚至过了一段时间，发现服务器的处理速度跟不上，这时候又需要重新购买服务器，同时，还要将原来的数据从旧机器迁往新机器，这些维护和购置新服务器以及数据转移都要花费不少人力物力。云计算的出现，也许将会帮助人们从这些烦恼中解脱出来，在云计算的环境下，应用程序不再是安装在你的计算机中，而存在于云计算供应者的诸多服务器集群中，只要服务集群中的应用程序得到了更新，你在使用这些应用程序提供的服务时，自然得到的是最新的应用。

2．获得近乎无限的存储空间

对于一个普通的云计算使用者，云所提供的存储空间近乎无限。相比我们使用的计算机那几百 GB 的硬盘，云中那好几百 PB 的可使用的空间，确实可以说得上是近乎无限大了。这也确保用户无论想存储什么都有足够的空间可以使用，而不用无奈的处理掉许多也许还用得上的大文件。

3．获得更高的计算能力

就像春运高峰一样，在个别时间段，访问同一应用的用户特别多，这

时候就要求网络上运行这个应用的服务器的计算能力足够高，通常我们叫做峰值计算的能力，否则，应用只能像火车票官网一样在这个时候瘫痪掉。为了应对峰值计算，许多大的 IT 部门就不得不购买设备来应对峰值时间段，而在平时它们只能无奈地被闲置。利用云计算，可想而知，云中计算机集群可以轻松帮你搞定这些。对于一般的计算机用户，也不再局限于在单独的台式机上可以做的事情，利用云计算，也可以执行一些超级计算机才能完成的任务，换句话说，我们可以尝试一下以前不敢想象的大任务。

4．闲置资源重利用

有调查表明，在通常的家庭中使用的个人电脑，只有大约 30%甚至更低的计算能力被利用，而其余 70%实际上是被闲置的。也许正当你为你那古董电脑跑不起心爱的游戏而气恼的时候，隔壁人家的高档计算机却躺在那休息。真好比“朱门酒肉臭，路有冻死骨”。利用云计算，也许就能打破这样的僵局。我们可以把这些闲置的资源聚集起来形成一个资源池，提供给用户使用。这样可以大大提高计算能力资源的利用，也节省了成本。

5．更便于数据共享

回想一下我们以前保存电话号码的方式，在手机上存一些，在通讯录中抄一些，也许还在自己的电脑上放上一些，当我们需要使用时，就不得不这找找那翻翻。有了云计算，在云计算网络应用模式中，数据只要一份，保存在云的另一端，你的所有电子设备只要连接到互联网，就可以同时访问和使用同一数据。

6．消除特定软件和硬件的依赖

也许大多数情况下，我们电脑的操作系统都是 Windows，但是随着苹果产品的盛行，使用 MAC 的人也越来越多，当然还有 Linux 或 UNIX 系统。如果这些电脑之间要共享文件，无疑是件令人讨厌的事情，甚至同一款即时通讯的软件在这些电脑上正常使用，我们的开发人员也不得不为每种系统开发相应的软件。在云中不必如此，这些一点都不重要，我们可以在云中共享这些软件和文件，重要的是数据，而不是操作系统。

你也不用担心在自己电脑上编辑的 Word 2007 文档无法在 Word 2003 的电脑上打开，在云计算的环境下，任何基于 Web 应用创建的文件都可

以被用户所读取，担心文件与应用程序和操作系统的时候已经过去，格式兼容问题再也不复存在。

硬件也是如此，就如以前手机是手机，电脑是电脑，两者没什么交集。而现在，这些硬件设施的概念也开始模糊起来了。手机也能像电脑一样上网、视频、游戏，借助飞信、IP电话，电脑也干手机的事情。这些变化的发生也是云计算的发展趋势——不再依赖于某一件单一的设备。无论是电脑也好，手机也罢，凭借云，我们喜爱的应用和宝贵文件都会跟着我们走，我们打开电脑能使用它们，打开手机也能使用它们。

7．增强数据的可靠性

在传统的单机使用过程中，硬盘的崩溃会让你所有宝贵的数据丢失，给你造成不可挽回的灾难，而云中的计算机崩溃不会给你带来这样的麻烦。在云计算构建的服务集群，拥有数以万计的计算机，这其中的某几台计算机发生故障，实在平常不过，因此云中的数据并不是单一存放的，在不同的地方都会保留数据。通过云计算的数据预留措施能及时恢复你的数据。如果由于地震、海啸或者台风等自然灾害导致数据中心不能工作，由此损失了那些数据，或者数据中心的资源，你也不必担忧，因为云能够帮你找回这些数据并快速投入到工作运行中去。对于个人用户来说，即使你的个人计算机出现故障，但是你的数据却在云中，通过云计算提供的端口，你仍然可以访问这些数据。

8．更加便利的访问

云计算为我们提供了一个随时随地都能访问的机会，当我们出差在外，或者有什么重要的事情需要及时处理，无论你在什么地方，只要登录自己的云账户，都可以随时处理公司的文件或亲人的信件。你可以安全地访问公司的所有数据，而不至于仅限U盘中有限的存储空间，能让人随时随地享受跟公司一样的处理文件的环境。只要能连接互联网，你的所有数据就能立即使用，就这么简单。

9．加强团队协作

用户自由共享数据直接催生出另一个好处，那就是协作的增强。在项目和文档上的协作是不少用户青睐云计算的原因之一。在过去，我们很难

想象相隔两地的人是如何完美地合作来完成一个重要的项目。在云计算出现之前，我们必须将相关文档通过电子邮件发往其他合作者。利用云计算就不必如此，通过云计算的存储和共享服务，项目组的成员就可以同时访问项目中的文档，任何一个用户在文档中所做的编辑都将自动反映到其他用户的屏幕上，并且让人欣喜的是，我们完成这一切合作需要的仅仅只是一台能上网的计算机。当然，更方便的协作功能意味着大多数项目组成员都能及时参与到项目中来，为项目之间的沟通大大节约了时间，项目也就能更快的完成。并且，项目的进行没有了地理的限制，利用云计算，任何人在任何地方都可以参与实时的协作。

10. 更低的成本

使用云计算，对个人计算机的性能是一个解放。我们不再需要追求高性能的 PC 来运行庞大的应用。借助云计算，应用程序可以在云中运行，而不是用户的电脑上。因此用户的电脑也将不需要传统软件使用所要求的处理能力或硬盘空间。这样对于我们普通用户而言，在购买电脑时，就可以减少硬盘、内存和 CPU 的需求。这无疑大大减少了用户的使用成本。

2.2　云计算与虚拟化

当我们提起云的时候，总是说，把这个放在云中，把那个放在云中。云中存储的不仅是数据，也包括我们的应用和服务，云就是我们的超级计算机。这台超级计算机肩负管理所有的资源的使命。但是，各种硬件设备间的差异使它们之间的兼容性很差，这为统一的资源管理提出了挑战。虚拟化技术就是来为云计算解决这个困难的。因此，虚拟化技术对于云计算来说，意义非同一般，并且虚拟化技术也远远早于云计算概念的产生。正是虚拟化技术的发展，才使云计算成为众星捧月的对象。

虚拟化，顾名思义，就是把原来不存在的东西，通过一定的技术虚拟出来，使用户感觉它是真实存在的。在计算机中，虚拟化是为某些计算机资源创造的虚拟的副本，比如，虚拟计算机硬件，可以安装操作系统。以现有操作系统为蓝本，再虚拟出几个一模一样的。虚拟一个操作系统环境，

可以安装应用软件。

虚拟化技术发展到现在已经经历了几十年的发展历程。虚拟化的起源可以追溯到 1959 年，在国际信息处理大会，计算机科学家克里斯托弗·斯特雷奇做了题为《大型高速计算机中的时间共享》的学术报告， 他在这篇学术报告中首次提出了虚拟化的基本概念。在随后的 20 年是虚拟化技术的摸索时期，作为最大的大型机厂商，IBM 是虚拟化技术的倡导者。这时候虚拟化技术研究的重点还在于虚拟化技术对计算机的性能提高方面。1965 年，为了充分利用计算资源，IBM 公司在“M44/44X”计算机项目中创建出多个虚拟镜像。通过定义虚拟内存管理机制，使得多个用户可以访问同一主机内的相同内存和资源，用户应用程序在虚拟内存中运行，对于用户来说，这些虚拟内存如同一个个独立的“微电脑”，为多个程序提供了独立的计算环境，但这些微电脑在现实中并不存在。IBM 把这台运行了多个操作系统的机器命名为 IBM 7044。IBM 7044 的问世标志着虚拟化技术的商用化，这使得业界开始关注虚拟化技术。得到业界的一些技术导向型公司的青睐，虚拟化技术在大型机上的应用，还是取得了一些不错的成绩。一批新产品涌现了出来，比如 IBM360/40、IBM360/67 以及 VM/370，这些机器在当时都具有虚拟机功能，通过一种叫 VMM(虚拟机监控器)的技术在物理硬件之上生成了很多可以运行独立操作系统软件的虚拟机实例。IBM 也毫无争议地成为虚拟化技术最早的推动者。

图 2.2 所示为最早使用虚拟化技术的 IBM 7044 计算机。

图 2.2　最早使用虚拟化技术的 IBM 7044 计算机

由于虚拟化技术在商业上的成功应用，RISC 服务器与小型机成为了虚拟化技术第二代受益者。1999 年，IBM 又通过新技术方案，能够令单台服务器的功效等同于 12 台服务器，效率大幅提升。虽然其价格偏贵，但非常受欢迎，被众多政府机构和大型企业采用。与此同时，其他硬件厂商也没闲着，包括惠普、Sun、戴尔在内的大公司也进入虚拟化市场，只是由于受限于大型机、小型机以及服务器的用户范围，且各厂商的产品和技术之间不兼容，虚拟化技术的受众面依然有限。

在接下来的发展过程中，虚拟化技术一直只是在大型机上应用，而在 PC 服务器的 x86 平台[①]上仍然进展缓慢。其主要原因是 x86 架构本身不适合进行虚拟化，以当时 x86 平台的处理能力，应付一两个应用都有些捉襟见肘，还怎么可能将资源分给更多的虚拟应用呢?

但是不久这个问题由于英特尔和 AMD 公司对 CPU 的技术进一步发展得到解决。虚拟化技术得到了蓬勃发展。20 世纪 90 年代，由 VMware 公司率先实现了 x86 服务器架构上的虚拟化，并在 1999 年推出了 x86 平台上的第一款虚拟化商业软件 VMware Workstation。从此虚拟化技术终于走下大型机的神坛，来到 PC 服务器的世界之中。

在随后的时间里，虚拟化技术在 x86 平台上得到了突飞猛进的发展。尤其是 CPU 进入多核时代之后，PC 具有了前所未有的强大处理能力，终于到了我们考虑如何有效利用这些资源的时候。虚拟化技术带来的低成本等诸多好处，促使更多的厂家加入虚拟化技术的开发队伍，同时也出现了很多支持虚拟化的产品，如 Windows 操作系统下的 Virtual PC、Parallels 的 Workstation 以及 VirtualBOX 等。

自 2006 年以来，从处理器层面的 AMD 和 Intel 到操作系统层面的微软的加入，从数量众多的第三方软件厂商的涌现到服务器系统厂商的高调，我们看到一个趋于完整的服务器虚拟化的产业生态系统正在逐渐形成。这也使得在过去的一两年时间里，虚拟化开始成为广受关注的热点话

① x86 架构是 1978 年推出的 Intel 8086 中央处理器采用的 CPU 设计架构，8086 在三年后被 IBM 选用作第一台 PC 使用的处理器，之后 x86 便成为个人计算机的标准平台，成为了历来最成功的 CPU 架构。有趣的是，美国航天飞机上的控制系统用的就是 8086 处理器，2002 年，NASA(美国宇航局)还在 eBay 上购买了几块 8086，因为英特尔早已不再供货了。

题。整体看来，随着计算机新技术的飞速发展，虚拟化的前景和一年前相比几乎彻底改变了，新的虚拟化平台前景十分乐观。

纵观虚拟化技术的发展历史，可以看到它始终如一的目标就是实现对IT 资源的充分利用。

按需部署是云计算的一个核心思想，要解决好按需部署，虚拟化技术便成为云计算不可或缺的基础。虚拟化是为某些对象创造的虚拟的副本，比如操作系统、计算机系统、存储设备和网络资源等。它是表示计算机资源的抽象方法，通过虚拟化可以使用与访问抽象前资源一致的方法访问抽象后的资源，可以为一组类似资源提供一个通用的抽象接口集，从而隐藏属性和操作之间的差异，并允许通过一种通用的方式来查看和维护资源。

现在的虚拟化可分为服务器虚拟化、存储虚拟化、应用虚拟化、平台虚拟化和桌面虚拟化。

服务器虚拟化技术可以使一个物理服务器虚拟成若干个服务器使用。它通过 CPU 虚拟化、内存虚拟化、设备与 I/O 虚拟化等技术使得一个物理服务器上可以运行多个虚拟服务器。在多实例的服务器虚拟化中，一个虚拟机与其他虚拟机完全隔离，以保证良好的可靠性及安全性。

存储虚拟化的方式是将整个云系统的存储资源进行统一整合管理，为用户提供一个统一的存储空间。应用虚拟化是把应用对底层系统和硬件的依赖抽象出来，从而解除应用与操作系统和硬件的耦合关系。应用程序运行在本地应用虚拟化环境中时，这个环境为应用程序屏蔽了底层可能与其他应用产生冲突的内容。

平台虚拟化是集成各种开发资源虚拟出的一个面向开发人员的统一接口，软件开发人员可以方便地在这个虚拟平台中开发各种应用并嵌入到云计算系统中，使其成为新的云服务供用户使用。

桌面虚拟化将用户的桌面环境与其使用的终端设备解耦，服务器上存放的是每个用户的完整桌面环境，用户可以使用具有足够处理和显示功能的不同终端设备通过网络访问该桌面环境。

本质上讲云计算带来的是虚拟化服务。从虚拟化到云计算的过程，实现了跨系统的资源动态调度，将大量的计算资源组成 IT 资源池，用于动态创建高度虚拟化的资源供用户使用，从而最终实现应用、数据和 IT 资源以服务的方式通过网络提供给用户，以前所未有的速度和更加弹性的模式完成任务。

2.3　云计算与物联网

2.3.1　何为物联网

物联网也是近些年热炒的词之一。说起物联网的概念，也像云计算一样云烟雾绕，在业界也没有一个标准的定义。物联网的英文说法其实更清楚，“The Internet of Things”直译过来就是“物体的因特网”。

最早物联网这个概念是由宝洁公司前任营销副总裁 Kevin Ashton 于 1999 年在宝洁公司的一次演讲中首次提出的。根据当时美国零售连锁业联盟的估计，每年有大量零售业公司因为货品管理不良而遭受损失，这些损失在一年内高达 700 亿美元。宝洁公司就是货品管理不良的受害者之一，1997 年宝洁公司的欧蕾保湿乳液上市，商品在市场大为畅销，可是由于太畅销，宝洁公司的商品过多，查补的速度太慢，导致许多商店来不及立刻补上货物，从而造成产品脱销，损失巨大。为了解决这个问题，在宝洁公司和吉列公司[①]的赞助下，Kevin Ashton 与美国麻省理工学院的教授共同创立了一个无线射频识别(RFID)研究机构，即自动识别中心(Auto-ID Center)。他们希望利用无线射频识别技术，用电子标签取代现在的商品条形码，使电子标签变成零售商品的绝佳信息发射器，并由此变化出千百种应用与管理方式，来实现供应链管理的透明化和自动化，这就是早期的物联网应用。Kevin Ashton 对物联网的定义很简单：把所有物品通过射频识别等信息传感设备与因特网连接起来，实现智能化识别和管理。他希望在计算机因特网的基础上，利用无线射频识别、无线传感器网络、数据通信等技术，构造一个覆盖世界上万事万物的“物联网”。在这个网络中的任

① 吉列是国际知名的剃须护理品牌，和宝洁公司有着很深的合作关系，2005 年宝洁以 570 亿美元并购吉列公司。

何物品，小到手表、钥匙，大到汽车、楼房，只要嵌入一个微型感应芯片，把它变得智能化，这个物体就可以“自动开口说话”。再借助无线网络技术，人们就可以和物体“对话”，物体和物体之间也能“交流”，这就是物联网。

2005 年 11 月 17 日，在突尼斯举行的信息社会世界峰会(WSIS)上，国际电信联盟(ITU)发布《ITU 互联网报告 2005：物联网》，引用了“物联网”的概念。物联网的定义和范围已经发生了变化，覆盖范围有了较大的拓展，不再只是指基于 RFID 技术的物联网。报告指出，无所不在的“物联网”通信时代即将来临，世界上所有的物体从轮胎到牙刷，从房屋到纸巾，都可以通过因特网主动进行交换。射频识别技术、传感器技术、纳米技术、智能嵌入技术得到更加广泛的应用。

物联网作为“物物相连的互联网”，它的基础和核心仍然是互联网，我们可以把物联网看作是互联网的一次延伸和拓展，它将网络的使用拓展到了任何物品与物品之间。在以前的通信网络中，以手机为主要载体，将信息在人与人之间传递，好比交通业的“客流系统”，而物联网连接的对象物与物，好比“物流系统”。同时给物体赋予“智慧”，让它们像人类一样的去处理、接受和发送消息。有了“智慧”的物联网给人的印象更加宽泛，似乎无所不包，无所不能，我们用计算机轻轻点击一下鼠标，或者触摸下手机的屏幕，即使在千里之外，就可以对办公室和家里的各种情况一目了然；办公室和家里的电器也可以任由自己控制，在到达办公室之前就开启计算机和空调，在回家之前就为自己烧好热水；当家里遇到侵扰，第一时间自己就会得到消息并报警。这就是物联网的用处。但是并非所有的“物”都能纳入到“物联网”的范围，至少在现在的条件下如此。物联网中的“物”应该满足一些条件，比如：要有相应信息的接收器，要有数据传输通路，要有一定的存储功能，要有中央控制器 CPU，要有操作系统，要有专门的应用程序，要有数据发送器，遵循物联网的通信协议，在全球网络中有可被识别的唯一编号等。物联网把我们的生活拟人化了，使没有生命的物品成了人的同类。在物联网的时代中，每一个物体都可以通信，每一个物体都可以控制，物与物相连，共同感知世界，物联网描绘的未来世界是一个充满智能的世界。

图 2.3 所示为物联网的概念图。

图 2.3　物联网概念图

2.3.2　云计算与物联网的结合

云计算和物联网虽然是两个不同的概念，它们之间互不隶属，但是却有着千丝万缕的联系。

现代人的生活越来越离不开互联网，随着近几年互联网的发展，各种丰富的网络应用层出不穷，人们感受着互联网世界的多姿多彩。与此同时，人们不仅希望更多的互联网应用出现，也希望这些应用能更加适应生活的细节。不仅是在使用电脑或者手机时才能享受到互联网带给我们的便利，同时生活的各个角落中也应该有它们的身影。物物相连的物联网也就此应运而生。同时云计算以其超大的规模、虚拟化、高可靠性、通用性、高可扩展性、按需服务，廉价以及方便等特点，成为了互联网发展的新主题。而物联网与互联网的整合需要一个或多个强有力的计算中心，能够对整合网络内的人员、机器、设备和基础设施实施实时的管理和控制。云计算的出现恰逢其时。云计算从本质上来说就是一个用于海量数据处理的计算平台，随着物联网的发展，未来物联网将势必产生海量数据，而传统的硬件架构服务器将很难满足数据管理和处理要求。如果将云计算运用到物联网的传输层与应用层，采用云计算的物联网将会在很大程度上提高运行效率。

物联网的进一步发展需要云计算。运用云计算模式，使物联网中数以兆计的各类物品的实时动态管理、智能分析变得可能。物联网通过将射频识别技术、传感器技术、纳米技术等新技术充分运用在各行各业之中，将各种物体充分连接，并通过无线等网络将采集到的各种实时动态信息送达计算处理中心，进行汇总、分析和处理。

云计算是物联网的一个重要环节。物联网常见的层次结构如下：

(1) 感知层，将物品信息进行识别、采集。

(2) 传输层，通过现有的 2G、3G 以及 4G 通信网络将信息进行可靠传输。

(3) 信息处理层，通过后台的云计算系统来进行智能分析和管理。

物联网与云计算的结合必将通过对各种能力资源共享(包括计算资源、网络资源、存储资源、平台资源等)、业务快速部署、人物交互、新业务扩展、信息价值深度挖掘等多方面的促进，带动整个产业链和价值链的升级与跃进。物联网强调物物相连，设备终端与设备终端相连，云计算能为连接到云上的设备终端提供强大的运算处理能力，以降低终端本身的复杂性。二者都是为满足人们日益增长的需求而诞生的。

物联网与云计算的结合势必是一种趋势，它们之间的关系可以打个比喻来说明：物联网如果是人的五官和四肢，那么云计算就是人的大脑。

物联网的发展离不开云计算，云计算的发展也离不开物联网，两者的结合可为我们打造高度智能化的生活环境。云计算基于互联网为我们直接提供 IT 资源和软件服务，而物联网将这些应用拓展到生活的每个角落，让我们的生活更加丰富多彩。

2.3.3 物联网与云计算搭建智慧社区

当物联网和云计算一起改变我们的生活时，那会是什么情况呢?

这一天是周末，昨晚你和同事在 KTV 酣唱到很晚。你的手机闹铃响起了，铃声是昨天女朋友电话里特别推荐的一首歌，随即卧室的灯光自动打开。你开始慢悠悠的起床，刷牙。“叮”的一声，烤箱的面包烤好了，这时候，你也洗漱好了。当你把面包从烤箱里拿出来时，烤箱温馨为你播报今天的早餐搭配。享受早餐的时候你打开电视，你突然想起昨天晚上因为唱K而漏掉了每晚必看的连续剧，你只需在遥控器上按下一个键，你错过的节目就出现在电视屏幕上。当你的手机收到短信的时候，你可以在客厅的大屏幕上看到它，而不用费力的打开手机。当你出门的时候，家中集成的智能电脑提醒你该交水电费了，你只需一个确认键就可以完成缴费过程。当你关上房门，家中的空调、电灯就自动停止运作。即使出门在外，你也能通过手机或者车载通信系统了解家中的情况。

这不是在写科幻小说，也不是在痴人说梦，而是未来云物联下的生活情景预演。

在未来的小区中，业主的手机中嵌入了包含汽车钥匙信息的电子标签，每个小区物业管理人员都有一个功能强大的智能终端，每个来访的客人都可以在小区门口拿到一个临时身份识别卡，小区的每个角落都安装了远距离射频读写仪，这些设备都可以与小区的云计算中心高效通信，整个小区就是一个无孔不入的庞大物联网。

小区中安装了一套灵敏、高效的安防报警系统。当业主离家超过10分钟之后，安防报警系统将自动运行，所有的煤气和自来水阀门以及家用电器开关将自动被切断。业主回到家后，安防报警系统将自动解除，各种阀门或开关将自动开启。晚上睡觉前，业主只要按下休息开关，安防报警系统就会再次启动。如果哪天发生了火灾，小区的安防报警系统将自动向外报警，同时关闭存在安全隐患的电力系统，并根据火势科学供水，实施紧急扑救。还没等你反应过来，一场火灾就被扼杀在摇篮之中。小区的天气感知系统为每位业主的家中提供各项气象指标并科学地调整室内空调系统，控制房间的温度和通风状况。当你步入房间时，你随身携带的电子标签会将信号发送给房间里的感应器，感应器再告诉云计算中心，云计算中心通过读取你预先设定好的温度、湿度、灯光和音乐等信息，研究你的个人喜好，依次对房间的空调、音响及灯光系统下达指令。房间内的温度会调整到你感觉舒适的程度，灯光也会根据你的需求或明或暗，音响中播放着你喜好的乐曲，墙上的液晶屏幕会自动播放你喜欢的电视节目或者影片。一旦房间内的电视和音乐被选定后，它们会跟随你从一个房间进入另一个房间。无论你在家里的哪个角落，你的电子标签都会和周围的设备进行交流。门铃响起的时候，你不必亲自去开门，来访人员的图像会自动映

射到客厅的大屏幕上，你可以与他进行视频对话。即使是墙上安装的玻璃也不是普通的玻璃，在早上洗漱的时候，它可以当作镜子使用；或者无聊的时候，你也可以让它播放最新的新闻或者电影；甚至它也可以是一面“魔镜”，当你向它招招手的时候，它会告诉你今天天气如何，你穿什么样的衣服比较适合。就连拖鞋也有了智能，当穿着拖鞋的人对鞋底的挤压出现不正常的现象，鞋底的传感器就会感应这些数据并交由云计算中心处理，如果分析出使用者的健康出了问题，这位拖鞋医生就会及时给家人或医生发送短信，还有会自动提醒用户吃药的药瓶等。总之，我们仿佛有一个智能管家替我们把生活的方方面面都安排好一样。

这样的生活正在逐步演变成现实。重庆市首个云计算服务试点小区已经在西永大学城动工开建。这个云计算示范小区涉及云计算六大核心领域：生活云、服务云、安全云、教育云、医疗云和娱乐云。生活云为我们管理所有的家电，服务云为我们生活添砖加瓦，安全云让我远离意外伤害，教育云让我们了解孩子的在校学习情况，医疗云随时呵护我们的健康，娱乐云让我们享受数字生活时代下的乐趣。云计算与物联网技术的强强联合，将使我们对未来精彩的生活充满期待。

2.4　云带来的改变

1. 家庭生活的改变

相比现在，以前的家庭生活显得简单而规律。那时候，孩子们没有繁重的功课，他们的玩伴也通常只是局限在学校周边。大人们的工作时间和家庭生活时间也泾渭分明，通常他们白天去上班，晚上和周末同家人享受生活和完成家务。

如今，网络技术使得家庭生活变得复杂。孩子们的家庭作业也没那么简单，不少都需要使用互联网来完成，有些作业孩子们不得不借助互联网才能获得足够的信息，还有一些要通过网络上的协作才能完成。通过社交网络，孩子们的交际也变得广泛，在那里他们可以认识数以百计的虚拟朋友。而大人们也不必非得待在办公室才能工作，他们把一些工作任务带回家中处理，同时，借助一些智能手机或者笔记本电脑，在上班时间管理一些家庭活动。很难说清楚什么时候工作时间结束，什么时候家庭生活开始。对于所有的人来说，生活就是许许多多一个接一个需要马上完成的任务，工作的事情和家庭的事情的界限开始不再那么分明。每个家庭成员都开始面临着日程安排的压力，越来越多的事务使我们不得不寻求解决的办法，虽然许多技术不能使日程安排表上的任务立马消失，但是借助这些技术却可以使我们更好地管理和安排我们的日常生活与工作。特别是云计算技术，我们可以看到许多被人们津津乐道的云计算应用非常有效地帮助人们记录、管理各种任务和活动，同时，也提供了与他人协调合作完成任务的渠道。

随着云计算技术在生活上的应用，我们的家庭生活发生了改变。原来由于地理和时间的原因不能和家人面对面的交流，参与一些家庭事务，现在，通过基于 Web 的一些应用，我们可以和家人保持即时联络，协作决定购物清单，完成家庭事务安排表或者其他的一些事情。虽然比不上面对面的商讨，但是通过这些途径，我们还是可以完成各种需要共同参与的事务，共同努力使我们的生活井然有序。

2. 云中公司

在以前，开一家公司必做的几件事是租赁办公室、购买各类办公设施、布置电话线、聘请秘书和雇佣员工之类。每天我们一早离开家，经过拥堵的交通来到公司；然后让秘书把每天的文案拿过来，开始一天忙碌的生活；到了晚上，我们才离开办公室，回到家中，同时也从公司的工作中解脱出来。

然而，今天情况下却不同往日，我们可以不必再做相同的事情。由于 Internet 和基于 Web 应用的出现，我们可以舒舒服服地呆在家中处理公司的业务，也无需每天花费大量的时间在上下班的路上，租赁办公室的费用也省了。甚至也不用聘用秘书，一切工作都可以交给智能的网络替你打理好。

公司员工不受工作地点、时间的限制就可以开始工作。由于采用互联网作为公司交流的工具，使得员工可以在家中、休假中、飞机上、轮船上实现办公，自由支配时间。真正体验“穿着绣花睡衣上班，从家到办公室的距离就等于从餐桌边踱到电脑桌旁”的感觉。通过一台电脑、电话线就

可以进行软件开发、销售、测试、语言翻译和文秘等工作。避免了办公室的嘈杂，在一个清静的环境中安心工作，把以前用在上下班路上的时间投入到工作中去，工作和娱乐的时间可以更好地被安排。更妙的是公司招募员工也同样没有了地域、时空的限制，公司可以招募各地的优秀人才，甚至可以 24 小时不停止办公、生产。通过互联网，员工不仅可以协同工作和生产，同时也可以完成公司产品及服务的销售，还可以直接地获取用户需求信息，使得生产和消费直接对话，减少了中间环节。

云中的公司的好处在于，无论你身处何处，它都允许你完成所有的工作；而且办公室本身就在云里，而不是在昂贵的办公楼中，公司的成本更低，触及的范围却更广。即使是再小的公司，它也能像大型企业一样在云上运作。

3. 虚拟社区

当我们说起社区组织的时候，我们往往会想到那些在一定的地理范围内的群体。但是，并非所有的社区都是以地域为基础的，因特网的发展已经促进了虚拟社区的出现，它们就存在于云中。

虚拟社区的成员是一群主要藉由计算机网络彼此沟通的人们，他们彼此有某种程度的认识、分享某种程度的知识和信息、在很大程度上如同对待朋友般彼此关怀，由此所形成的团体。早期的虚拟社区主要以 BBS[①]、讨论区的形式出现。随着强调使用者为中心概念的 Web2.0 的盛行，出现了 Facebook 和 MySpace 等新式的社交平台，在国内也有新浪微博、人人网等。这些平台能够让志同道合的人们围绕用户的个人网页创建自由流动的社区，让普通人可以和明星、知名主持人和商业强人等名人进行直接的网络互动。现在虚拟社区具有论坛、聊天、学习、娱乐、购物等多种功能，人们完全可以根据自己的需要在不同的社区间流动，并且，虚拟社区成员是自由的，如果对社区服务不满或对社区中某些成员、言论不认同，可以毫不犹豫地离开。云计算技术的发展，为虚拟社区带来了更繁荣的前景。

---

① BBS 是英文 Bulletin Board System 的缩写，翻译成中文为“电子布告栏系统”或“电子公告牌系统”。它向用户提供了一块公共电子白板，每个用户都可以在上面发布信息或提出看法。

利用云计算的通信手段，更多人乐于在这些虚拟社区上分享自己的喜闻乐见，为虚拟社区带来了巨大的人气。

虚拟社区为人类提供了另一类生存空间，尽管这个空间不可触摸，但它以其特有的方式客观存在。有了它，人们在信息化时代下的生活更加丰富多彩。

2.5　绿色节能

我们都知道煤炭燃烧、汽车尾气排放会造成大量温室气体排放。在日益倡导低碳生活、绿色经济、节能减排的今天，也许我们很少人关注 IT 能耗的问题。随着 IT 产业的蓬勃发展，IT 所带来的能耗也是一个不可忽视的问题。谷歌曾公布过一份公告，从多个方面预测了数据中心效率指标的未来。搜索巨头谷歌不仅公布了其总能耗(主要由数据中心产生)与碳排放量，还公布了每位用户和每次搜索的能耗预估值。通过这些公布的信息，以及谷歌每天提供 10 亿次搜索等信息，我们可以大致计算出在谷歌高达 2.6 亿瓦的总能耗中，搜索能耗占了 1250 万瓦。实际上 IT 界的耗能远远超出我们的想象。迈威尔科技[①]CEO 周秀文在接受《21 世纪经济报道》采访时指出，全世界每年都有 3 亿多台电脑、12 亿部手机和 1 亿多台电视机投入使用，10 年之后累积起来很可能就是 200 多亿台电器，这意味着世界将要兴建约 200 个核电厂才能满足这样的需求。

为了减少 IT 所带来的能耗，硬件上的改进是必不可少的。比如，Intel、Sun、ARM、Samsung 等厂商都在投入大量人力资源以改善他们芯片的耗能。与此同时，在软件上的改进也是有极大帮助的。不过在降低能耗方面，云技术的潜力更加巨大。首先，云计算可以帮助个人企业减少成本。对于大量中小企业而言，不再需要投入大量经费来购买、部署计算机软硬件设备和聘用维护人员，不必担心因高估自身业务受欢迎程度而过度部署造成资源浪费，只为其使用的服务买单。计算能力、存储空间以及通信带宽，

① 迈威尔(Marvell)科技最新市值已超过 100 亿美元，成为硅谷最主要的芯片公司之一，在手机芯片、存储技术等方面占据重要的地位。

成为社会的公共基础设施。企业通过云服务，集成数据中心设备，减少计算机设备的配置，为节能减排出一分力。云服务通过结合虚拟化技术，整合一般常用的 IT 设备，如服务器、存储硬件、电源管理，提高设备的使用效率和频率，减少这些设备的使用量，从而节省硬件设备和电力的消耗，进而减少庞大的碳排放量。通过云计算的技术服务器的数量大大降低，提高了系统的使用率，完成同样事情的能耗自然也就下来了。

云计算节约能源使用的措施主要有：

(1) 通过集成设备，节约电能。一般企业数据中心都会消耗大量电能，除了必须运行的计算机硬件设备外，还有照明系统、后备电源、大功率空调机等。为了确保数据中心能 24 小时不间断运作，企业都会安装多部大功率空调系统，有时甚至加装耗能更强的大型电风扇，消耗大量电能给硬件设备“散热”。采用云服务能大大减少硬件设备和空调系统的使用，能有效避免能源浪费。企业只要根据实际需求，向云服务供应商购买相应的服务，就不必自行配备各种计算机设备、后备电源和制冷设备，减少电能的使用。这种采用云服务的节能措施，已经有不少成功的案例。比如中国移动的南方基地、国际信息港①已经利用云计算整合网络设备，搭建了两万多平方的云数据中心。这个数据中心经过改造之后，节省了 269 万新建机房费用，同时每年能节省 224 万人民币的电费，不仅有效降低了成本，也在节能减排方面起到了不可估量的作用。如此经济又环保的解决方案，我们相信云计算必然会在商业企业中得到普及，发挥更大的环保作用。

(2) 租用设备模式减少浪费。随着电子科技的发展，电子废物一直是一个令人类头疼的问题，香港政府就扩大堆填区范围的议题曾引起居民极大争议；而中国大陆实施的《废弃电器电子产品回收处理管理条例》，将令有关问题更趋严重。由于香港没有处理电子废物的专用堆填区，加上中国内地减少接收电子废物的数量，都将加剧处理电子废物的难度和紧迫性。事实上，电子废物既占空间，亦含有毒物质，最好的解决方法应从减少生产使用电子设备方面入手。许多的数据中心，其实未必能发挥最大的

---

① 位于广州的中国移动南方基地和北京的国际信息港南北呼应，包括研发中心、数据中心、呼叫中心和学术交流中心等，是中国移动的集中化运营的综合性基地。

效能，有些企业只有约 1 至 2 台服务器，但却占用数据中心 1/4 或一半的机柜空间，很多时侯服务器的使用效率甚至低至 20%至 30%。应用云服务，就可节省电力及其他设备资源。云服务采用租用设备模式，用户不必自己购置相关的计算机设备，像第一线云端专属寄存服务，当客户需要升级各种硬件(包括存储空间，CPU 运算、内存)以及带宽时，只需更改服务计划即可。此外，多数云服务供应商都可以提供较高级的 IT 设备方案，如虚拟化技术、服务器、大型存储硬件等，能同时让多家企业一同共享使用。

以往企业的数据中心各自为政，如今却可集成到云服务供应商的数据中心，能减少或者不使用硬件配件、降低管理资源，一方面节省了购买 IT 设备的庞大开支，另一方面也对人类的环保事业出了一份力。

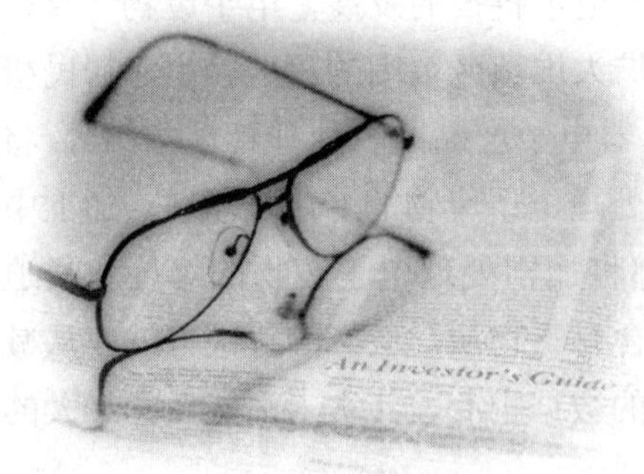

第二部分

使用篇——云计算改变生活

太阳照射地球表面，使得江海湖泊中的水蒸发形成水蒸气，当水蒸气中的水分子过分饱和，就会聚集在空气中的微尘周围，由此产生的水滴或冰晶将阳光散射到各个方向，就形成了云。然而不知什么时候起，“云”已经不仅仅是一个气象名词，在不知不觉中，“云”成了科技力量的浪漫化说法，代表了未来互联网的发展方向，同时也饱含了人们对未来生活的猜想。云计算像太阳一样，将我们身边的 IT 资源蒸腾到空中，把它变为一朵朵的白云，这些“云”时而聚合，时而分散，一会变成了“计算云”、“存储云”、“数据云”，一会变成了“教育云”、“医疗云”、“商务云”，它们千奇百怪、多姿多彩。当我们使用电脑、手机、电视等等终端设备通过互联网享受云提供的各种服务的时候，就像我们端着杯咖啡，享受“看庭前花开花落，任天际云卷云舒”一般的惬意。这时，我们的生活已经被浪漫的“云”所围绕。

第 3 章 <<<<<<<<<<<<<<

更为高效便捷的办公

3.1　云办公——打造你的移动办公室

3.1.1　了解云办公

当你离开办公室，忙于参加会议或出差在外时，你的日常工作业务会怎样呢？当然，传真和电子邮件依然会到达你的传真机和电子信箱，但是你却不能及时地看到所以无法迅速做出反应。当你的客户需要你对某项工作进行一些紧急修改，而你恰好不在办公室，又没有随身携带相关文件时，怎么办呢？你也许只能向客户说“对不起”了。但是，你的业务将受到影响，客户们也会因为你的延迟而感到不快和失望，因而你将失去许多商机。实际上，当你不在办公室，但需要对某些材料进行查阅、回复、分发、展示、修改或宣读的情形是很常见的。因此，你必须从这种困境中解脱出来。使自己能够随时随地正常处理业务，不让客户失望，最好的解决办法就是让你的办公室也随你一起“移动”起来，使你获得随时随地、简单快捷、安全可靠、价格合理的通信和办公能力。

云办公就是让你的办公室“移动”起来的绝好办法。云办公通过把传统的办公软件以瘦客户端[①]或智能客户端的形式运行在网络浏览器中，从而使得员工可以在脱离固定的办公地点时同样完成公司的日常工作。因此，“移动办公”也可称为“3A 办公”，即办公人员可在任何时间(Anytime)、

① 瘦客户端指的是在 C/S 网络体系中的一个基本无需应用程序的计算机终端。

任何地点(Anywhere)处理与业务相关的任何事情(Anything)。

就办公软件而言，我们知道一向以微软公司的Office系列产品独领风骚，近些年，由于云计算的概念深入人心，通过不同的PC终端，甚至移动设备，访问来自“云”中的同一数据，使得移动式办公愈加受人青睐，让不少公司看到了这一领域的广阔的商业前景。Google作为云计算技术的先行者，于2007年推出云办公应用Google Docs，Google Docs提供在线文档、电子表格、演示文稿三类支持。不但为个人提供服务，更整合到了其企业云应用服务Google Apps中。Google Docs一经推出，好评如潮。这引起了作为传统办公软件主导的微软的关注，为了研究自己云办公产品，微软决定在云办公领域试水，2009年微软推出了一款插件，它可以将文档存储到微软提供的在线文档存储服务中，但是由于此项服务不仅管理功能很弱，而且必须依赖本地Office软件才能编辑，收效甚微，最后只好作罢。微软并没有就此放弃云办公领域，他总结以前的教训，决定开发全新的云办公产品，这就是后来的Office 365云办公软件，微软Office 365是一套可订阅的云服务。它不仅集合了基于Web的Word、Excel以及其他Office应用，而且还包括了Exchange邮件服务、SharePoint技术以及微软的即时信息、网络电话和视频会议系统等。不仅是Google和微软，其他公司也纷纷参与进来，并且在云办公领域也取得了不错的成果，诸如ZOHO、OATOS、Gleasy、Evernote、91云办公、35互联云办公、金山WPS等，云办公大战的序幕已经揭开。

云办公是什么？为什么各大公司要纷纷抢占云办公市场呢？它真的能改变我们使用的传统办公软件的方式吗？

在最近几年中，云计算发展速度惊人，越来越多的IT界公司注重用云计算来发展自己的产品。云计算也几乎出现在当前各个我们熟知的产业下，从云办公、云游戏、云会议，到医疗云、教育云、政务云等，一个个以“云”为核心的行业新概念被提出。云办公无疑是对商务人士吸引最大的一个。然而和传统的以微软Office为主导的本地文档办公系统相比，云办公真的不一样吗？

云办公实际上可以看作原来人们经常提及的在线办公的升级版。云办公是指个人和组织所使用的办公类应用的计算和储存两个部分功能，不通过安装在客户端本地的软件提供，而是由位于网络上的应用服务予以交

付，用户只通过本地设备实现与应用的交互功能。云办公的实现方式是标准的云计算模式，隶属于软件即服务(SaaS)范畴。随着近几年云计算概念兴起，许多公司提供的云存储服务越来越深入人心，人们通过本地设备实现与应用的交互而把存储交给 Dropbox 等云存储服务，用户不必再为满足各种强大功能的软件应用而不断提升终端设备的性能，且能够通过多种终端设备来完成随时展开的工作。这意味着终端解放得以实现，无论是台式机、笔记本，还是手机、移动互联网设备，都可以无差别地使用办公应用。

事实上，早在 2010 年美国和英国的政府部门在云办公产品上已经率先展开了大规模应用，在线办公应用模式已经受到高度的认可，并且凭借其高性价比的优势备受青睐。英国政府推出的 G 云平台，在云办公方面提供了很好的范本，每年可为政府公共部门缩减 160 亿英镑 IT 支出。

从在线办公到云办公，这种产业进化恐怕还要从办公成本的降低说起。事实上，云计算本身就是一种更先进的计算和服务模式，在降低 IT 部署成本方面有着天然优势。而随着互联网服务的深入人心，依托互联网进行工作的基础已经形成，这为在线办公提供了最直接的技术支撑，云时代到来后，云办公自然也就应运而生了。

3.1.2 为什么要使用云办公

与传统办公软件相比较，云办公的软件有三个主要的好处：

1. 随时随地的协作

现代商业运作讲究团队协作，传统办公软件“一人一软件”的独立生产模式无法将团队中每位成员的生产力串联起来。虽然传统办公厂商(如 Microsoft)推出了 SharePoint 等专有文档协同共享方案，但其昂贵的价格与复杂的安装维护成为了其普及的绊脚石。

能自由地协作是云办公的重要体现。在新的协同环境中，人们可以直接看到他人的编辑结果，而无需任何的等待。和原先基于电子邮件的协作方式相比，由于完全省去了邮件发送、审阅沟通时的流程，它几乎不必浪费任何的额外存储。更重要的是，在协同办公的过程中，提交者和审阅者能够很精确地控制每一处修改并充分地讨论，最终文档质量的提高自然也是不言而喻的。

云办公应用具有强大的协同特性，其强大的云存储能力不但让数据文档无处不在，更结合云通讯等新型概念，围绕文档进行直观沟通讨论，或进行多人协同编辑，从而大大提高团队协作项目的效率与质量。

2. 跨平台能力

传统办公软件对于新型智能操作系统(如 IOS、Android 等)没有足够的支持。随着办公轻量化、办公时间碎片化逐渐成为现代商业运作必不可少的元素之一，传统办公软件则相对显得臃肿与笨重。因为瘦客户端与智能客户端本身的跨平台特性，云办公应用自然也拥有了这种得天独厚的优势。借助智能设备为载体，云办公应用可以帮助客户随时记录与修改文档内容，并同步至云存储空间。云办公应用让用户无论使用何种终端设备，都可以使用相同的办公环境，访问相同的数据内容，从而大大提高了方便性。

3. 使用更便捷

传统办公软件需要用户购买及安装臃肿的客户端软件，这些客户端软件不但价格昂贵，而且要求用户在每一台电脑都进行繁琐的下载与安装，更拖慢了用户本地电脑的运行速度。运用网络浏览器中的瘦客户端或智能客户端，云办公应用不但实现了最大程度的轻量化，更为客户提供创新的付费选择。首先，用户不再需要安装臃肿的客户端软件，只需打开网络浏览器便可轻松运行强大的云办公应用。其次，利用 SaaS 模式，客户可以采用按需付费的形式使用云办公应用，从而达到降低办公成本的目的。

3.1.3　云办公提供的服务

现在主流的云办公服务提供的是基于办公应用的一体化的集成办公平台服务。在这个办公平台上集成了完备的办公应用，可以轻松满足用户日常办公的需求。

一般的云办公平台提供的服务主要包含三方面：基础办公服务、协作工具服务、管理工具服务。

基础办公服务中，以包括在线文档、在线电子表格和在线演示文档在内的在线 Office 工具组件为核心，这些 Office 工具可以帮助公司轻松完成各类文档处理工作，同时为了更好地管理和使用这些文件，在基础办公服务中，还增加了基于云存储的文件管理和分享组件以及企业级通讯组件电子邮箱。这些应用可以维持用户日常办公的基本需求。

企业的办公工作中，不仅要处理文档，同时也要协调人员的工作安排和组织公司会议等。因此，在协作工具服务方面，通过即时通讯、在线会议、组织论坛和日历以及任务在内的多种组件，让组织内、外部的协同变得更为畅通，同时通过移动办公组件实现了在线办公的各种应用都可以通过手机、移动互联网设备进行访问。

管理工具服务可以定向化地满足组织内部多种维度的管理需求，包括客户关系管理、各种运营项目管理、组织内部的知识管理与分享、人力资源和招聘管理等，帮助组织的管理者无论身处何地，无论在什么时间，都能够随时掌控组织运转状况，并且有针对性地展开决策。

各种不同规模、不同行业的组织，在信息化需求方面千差万别，这就要求有一套完整的信息化系统必须具有强大的可扩展性和个性化定制性，云办公系统中的按需定制平台可以面向用户的各种不同需求展开开发，并且能够很快的交付上线，在同一平台体系下运转，不用额外进行搭建和部署。

表 3.1 所示为云办公可提供的服务。

表 3.1　云办公提供的服务

基础办公服务	在协作工具服务	管理工具服务
在线文档	在线日历	客户关系管理
电子表格	任务管理	项目管理
演示文档	即时通讯	人力资源管理
企业邮箱	联系人	知识管理
文件管理	在线会议	招聘管理
便签	移动办公	票据管理

3.1.4　云办公主要产品

目前国际主要的云办公产品有 Google Docs、Office 365、Zoho 在线办公等。在国内的云办公产品有 Gleasy 一站式云办公平台、百会办公门户、35 云办公、91 云办公等。

Google Docs(谷歌文档)是 Google 公司开发的一款自由的在线文字处理、电子制表和演示程序。功能上类似于微软 Office 办公组件。通过它用户能够在线创建和编辑文档，并与其他用户实时协作。

Office 365 是微软公司于 2012 年 6 月 28 日正式发布的 Office 云计算产品，包括 Office SharePoint Online、Exchange Online 和 Lync Online 组件。SharePoint Online 可以为用户提供在线版的 Word、Excel、PowerPoint、OneNote；Lync Online 提供与 Office Communicator 桌面工具相同的 PC 音频、视频和协作工具；而每个 Exchange Online 账户可以拥有 25 GB 存储空间，也可以发送 25 MB 大小的附件，同时内置杀毒和反钓鱼工具，以保护网络安全。

Zoho 在线办公平台是知名在线软件提供商 Zoho 推出的在线办公系统。它整合了 Zoho 旗下多款产品。个人用户可以收/发与管理邮件，新建或上传、存储或备份、编辑、处理、共享各种常用格式的文档或表格，创建并管理日历、联系人、通讯录、即时聊天，在线收藏喜爱的网站或链接。对于企业用户，Zoho 提供一站式的在线办公应用，包括在线 Office、企业邮箱、客户关系管理(CRM)、项目管理(PM)等，支持和 Google、Yahoo、Facebook 的账户相关联后不用注册即可直接登录。Zoho 同时也是一个邮件客户端，支持通过 POP3 接收其他邮箱的邮件。

Gleasy 是一款面向个人以及企业用户的云服务平台。对于个人用户，Gleasy 整合了存储与共享、创建与编辑文件、收/发邮件与 OA、在线聊天与讨论等基础应用；针对企业用户提供了企业邮箱、OA 系统、项目管理软件、CRM、即时通讯工具、公司网络硬盘、在线 Office 等应用。

百会办公门户①作为百会旗下的一款云计算应用产品，它为用户提供了便于移动办公的企业邮箱、企业即时通讯、企业网盘、群组、日历、企业知识库及内部论坛等服务。

35 互联推出 35 云办公整体解决方案，融合工作微博(Ewave)、视频会

① Zoho 和中国大陆运营商百会达成战略合作协议，释放的包括 Zoho 旗下的 Zoho Writer(中文名：写写)、Sheet(格格)、Show(秀秀)、Chat(聊聊)以及 CRM 系统；而 Zoho 旗下的更多产品，百会团队和 Zoho 也将在陆续完成本地化的部署工作。尽管百会办公门户是完全建立在 Zoho 的办公平台上的，但是他们并不提供与 Zoho 用户的文件共享，而完全作为在中国大陆一个独立的部署项目存在。

议系统(Emeeting)、企业邮箱、办公自动化系统(OA)、即时通讯管理(EQ)等云服务及互联网基础应用的网络域名、电子商务网站建设产品。

91 云办公为中小单位提供了一个在线办公的平台，其内置应用包括组织机构、通知公告、消息群发、任务日程、客户关系等。

3.2　文档协同编辑

在日常办公事务中，团队的协作是必不可少的，而基于文档的协同工作更是常有之事，有时候经常需要多个人一起编辑一份文档。例如一个方案提交多个领导批改，然后在一个文档中综合显示各人的意见，统一修改；或者几个人同时修改一份计划书，各改一块，最后合在一起。这时候文件往往需要反复传输，传输过程中经常会出现文件丢失的情况，并且使传输成本增高；跨地域协同编辑则更难，资料不能及时共享，造成信息孤岛的现象；文档多人编辑后还会造成文档版本的混乱。如何安全、高效实现文档协同编辑成为了企业管理中的一大难题。例如某公司策划部做了一个游戏开发计划书，完成后交给制作组讨论，大家针对计划书七嘴八舌地说，负责记录的小薇根本来不及记录清楚。此时最好的解决方法就是组里的全体成员自己动手对计划书进行修改，添加自己的想法，并且能保留修改痕迹，最后由小薇简单汇总整理就行了。其实类似的这种情况还有很多，如两人合作写论文、多人同时写程序等。

这时候在线协作平台的作用显现出来了。由于文档是存放在网上的，用户团队中的其他人都可以实时在线对文档进行编辑和更新，免去用户线下发送相同版本的文档并根据每个不同的回复对相同文档进行反复更新。多名用户可同时在线更改文件，并可以实时看到其他成员所作的编辑，并且任何用户对文档的修改都会被记录下来，这样所有修改者都明白哪些地方是哪位协作者修改的。当然，我们还可以选择把文档恢复到以前的某个状态下。

国庆节快到了，小杨最近打算和原来的老同学一起出游，为此他们打算制定一个详细的出行计划。等到小杨兴冲冲地把出行计划发给老同学时，老同学反馈过的信息却说不喜欢这个计划，他自己也拟了一个计划发

回给了小杨。小杨一看老同学的计划和自己的原先设想的差别太大，于是结合两份计划重新拟了份计划，本以为这次肯定没问题，可老同学的回答是“还有地方值得商榷”。这样来来回回几次，搞的小杨差点崩溃了。如果可以通过网络，小杨修改的计划老同学也能看到，并且能随时在线交流，就无需这样来回传送文件了。

其实通过在线协作编辑的云应用就可以做到这一点。小杨找了一下目前可在线协作编辑的应用，既然是云产品，最提倡云计算的 Google 那肯定有好东西。发现 Google Docs 确实挺不错的，可惜一访问，傻眼了：Google Docs 在中国不能访问，Office 365 虽然强大但却不免费，最后小杨还是决定使用 Zoho Docs。

Zoho Docs 的中文访问地址为 http://cn.zoho.com/docs。Zoho Docs 中提供了三个版本的服务：个人免费版、标准版和企业版。个人免费版无需费用，提供了基本文档办公和共享协作服务，其中用户可使用的空间为 1 GB。标准版的费用为 22 元/月，用户基础可使用空间为 2 GB，如果需要增加容量，扩容的价格为 22 元/5 GB，标准版提供文档版本管理、共享协作、任务管理、文档签入/签出、共享密码保护、用户管理、权限管理和定制 Logo 等服务。企业版的价格为 38 元/月，增加容量的费用和标准版一样，在功能上，除了标准版的所有功能，企业版还允许用户通过邮件上传文档。

图 3.1 所示为 Zoho Docs 的界面。

图 3.1　Zoho Docs 的界面

小杨注册了个人免费版，就可以使用协同编辑文档，可以直接在 Zoho

Docs 上新建，也可以选择上传本地的文档。小杨将自己的出行计划上传到 Zoho Docs 中，直接点击文件，Zoho 就会调用 Zoho 旗下的 Zoho Writer 来打开这个文件，打开文件的形式就像在用本地办公组件一样。Zoho Writer 的使用布局和 Office 很相像，这使得像小杨这样的菜鸟可以很轻松地在线编辑文档。

图 3.2 所示为 Zoho Writer 在线编辑文档的界面。

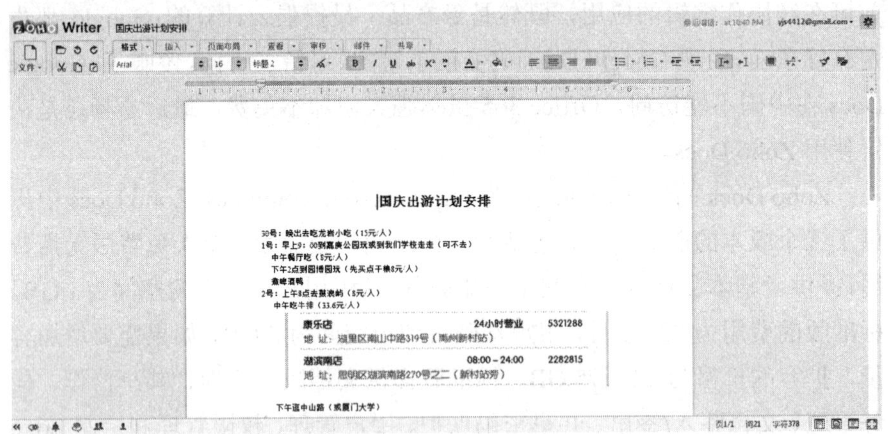

图 3.2　使用 Zoho Writer 在线编辑文档

现在可以自由地在线编辑文档，接下来就是让老同学也可以编辑这个文档。当然，应该先让他也申请一个 Zoho 的账号。然后在 Zoho Docs 中点击文件后面的共享图标，就会跳出一个共享设置的 Web 对话框。小杨只要把老同学用于申请账号的邮箱地址填进去，老同学在他的 Zoho 中就会看到这个文件，并且在邮箱中也会得到通知。这样当小杨修改文档的时候，老同学那边马上就能看到，并予以高亮显示。整个过程就像编辑本地文档一样简单，小杨也真正实现了协同编辑的目的。

同时，Zoho 中还提供了即时聊天的功能。点击图 3.2 所示界面左下方的联系人图标，里头就包含了可以对话的联系人信息。小杨把老同学加入联系人之后，就可以一边编辑文档一边聊天来协作怎么修改文档。Zoho 的即时聊天不仅可以使用文字，也可以像 QQ 那样使用语音和视频对话，十分的方便。

图 3.3 所示为在 Zoho Docs 上协同编辑和即时聊天的界面。

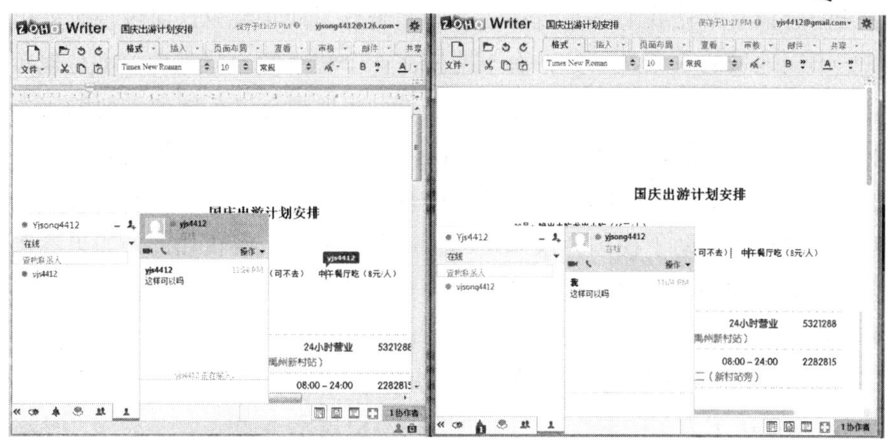

图 3.3　在 Zoho Docs 上协同编辑和即时聊天

小杨还发现 Zoho Docs 好用的一个地方——Zoho Docs 可以同步用户的 Dropbox。点击图 3.1 所示界面右上角的 Dropbox 图标可以配置用户的 Dropbox 账号。配置好后，可以选择 Zoho 和 Dropbox 同步的文件夹，用户 Dropbox 下的文件就自动同步到了 Zoho 中。原来 Dropbox 可以随时同步他当前在工作的文件，使得他随便使用哪台电脑都可以开始工作，但是 Dropbox 提供的分享功能只能让其他人查看和下载，却不能让别人修改，这样无法实现与别人实时协作。现在 Zoho 正好弥补这个缺点，使之成为“移动”的工作平台。

Zoho 的“历史”功能也非常出色，它可以帮助用户查看到文档的历史编辑记录。通过下拉菜单可以选择查看不同的历史版本并将它们恢复出来。另外也可以比较两个版本的差异，并以黄色高亮显示出来。

Zoho 还提供发布文档的功能，当完成文档编辑以后，就可以进行文档的发布和导出了。通过“发布”功能可以将文档直接发布到所设定的博客上，不过所有的博客服务商都是国外的。另外也可以通过电子邮件进行发布。

3.3　分身有术的云会议

曾几何时，为了沟通彼此之间的消息和观点，我们总要组织会议，有时甚至不惜舟车劳顿，从很远的地方聚到一起。在快节奏的工作环境下，

繁杂的会议常常使我们手足无措。不过后来有了视频会议，通过视频就可以把不同地域的人聚在一起，而不用挤在一个狭小的会议室内。可是视频会议的代价对于一般的公司还是太昂贵。组建视频会议系统通常要购买专用的软、硬件设施，要有存储视频会议内容的服务器和高质量的网络宽带服务，并且需要专业的团队来安装这些设施。这些特别的设备倘若发生故障，用户只能求助于视频会议系统的售后服务人员。不仅如此，如果参加会议的人数增加，超过原来架设的视频会议系统所能承受的范围，用户就不得不花费大笔资金对现有的系统进行改造。

当云概念时代来临之后，我们发现，其实会议也可以进入“云会议”时代。图 3.4 所示为基于云平台的“云会议”原理示意图。

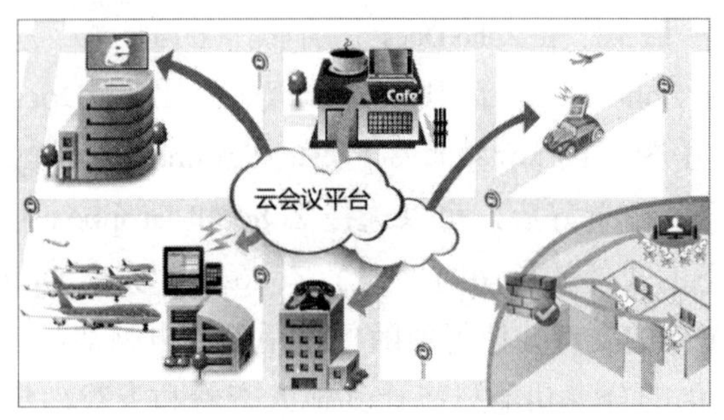

图 3.4　基于云平台的“云会议”原理示意图

云会议是基于云计算平台的会议服务。使用者只需要通过互联网界面进行简单的操作，便可高效地与全球各地团队及客户同步分享语音、数据文件及视频，而会议中数据的传输、处理等复杂技术由云会议服务商帮助使用者进行操作。云会议和传统的视频会议的区别在于：以往，所有用户应用系统所产生的数据全部存储在远程服务器中，而“云会议”则完全不同，它基于“云网络”提供一个海量虚拟“信息库”，即使数据量再大，也不会出现存储空间不足的问题，因此，“云会议”对信息的传输、存储量均无限放大。

用户参加云会议的终端可以是电脑、手机、平板电脑等，会议不再有会议室席位不够、管理困难、会议质量下降等问题。云会议为用户提供的是一个采用“云计算”的“专用会议室”，高强度专业加密技术使信息很难被截获，在现代化网络社会，能有效确保企业信息实时传递时的安全。

在云会议中，用户无需复杂的电话会议系统设置，无需购置昂贵的服务

器和网络专线，无需专门的视频会议设备，也不需要担心对系统的维护和升级的麻烦，用户只需要准备一个云会议账号、一台接入互联网的电脑和一个摄像头，就可以参加云会议。会议由一个发起人来创建，在填写一些必要的会议信息之后，会议的发起人可得到一个一次性会议密码。会议发起人既可以选择通过系统默认的邮件方式发送会议邀请，也可以将这些信息公布到要参加会议的部门。收到会议邀请的用户只需要点击会议邀请链接，输入自己的用户名就可以进入会议。当然也可以主动查找会议的房间名，输入用户名和密码参加指定的会议。如需临时发起一场会议，可以启动立即召开会议功能，即时邀请相关的会议人员参加会议。在会议进行中，如果需要临时邀请参会人进入，用户可以启动电话邀约功能，通过电话呼叫用户加入会议。

进入会议时，用户可根据自身网络情况选择接入的方式。如果网络情况较好，可使用网络视频接入，在用户网络环境不理想的情况下可仅使用手机设备接入。云会议提供两路视频：第一路显示主讲人视频，开启后随主持人的切换自动切换；第二路显示参会人视频，主持人可以点击参会人的视频共享图标，共享某个参会人的视频。视频共享一般对带宽消耗较大，云会议系统会根据用户的带宽占用情况自动提示用户是否关闭视频共享。

在参加会议人数比较多的时候，可对非主讲人的参会人员实施静音，以保证会议顺利进行。云会议系统提供了屏幕共享的功能，主讲人通过“屏幕共享”功能可以将自己的电脑屏幕共享给所有与会者，所有参会者都可以在自己的“屏幕共享”界面看到演示者屏幕所显示的内容。“屏幕共享”功能弥补了即时通讯工具的不足，很多只能意会无法言传的东西都可以通过屏幕共享来完成，比如一个设计作品、一个规划图、一幅画等。云会议的“屏幕共享”极大地方便了一对多同步交流，只需点击一个“共享屏幕”按钮就能让几十人甚至上百人观看到你的屏幕。

如同传统会议很多会用到白板一样，云会议也有电子白板，它的功能和普通会议白板的功能是一样的，在开会讨论的时候可以将要点或思路、方案记录下来。云会议白板还有一大特点，就是能够将白板保存起来供会后观看，在云白板上做记号和标注很方便，参会者能够一起互动，每个人都可建立白板，也可以在别人的白板上留下自己的标注。“电子白板”除了可以直接输入文字、写写画画之外，还能编辑图片，可以将图片放到白板上，比普通白板更利于交流。开会讨论方案或设计的时候最常用到电子板，把所要讨论的文件导入到电子白板，标注起来非常直观、方便。

在云会议中，主讲人可以将自己的 PPT 文件演示给所有与会人员观看，犹如在会议室一样。文档演示功能类似于传统会议中的投影仪，所起的作用和投影仪一样，可以将电脑里的文件投影给与会者观看，云会议支持最常用的文件格式，如 .doc、.ppt、.xls、.pdf、.txt、.jpg 等。文档演示在远程会议中应用非常广泛，特别是在三方会议中经常用到，可以用来修订合同、修改方案、讨论设计稿等，它有很便捷的标注和修改功能，利于保存，不会遗漏会议讨论重点，使很多以前必须面对面讨论的事情变得可以在网上完成，节省了大量旅程的时间，极大地提高了办公效率。

对于会议中用到的会议资料，用户可以将其保存到“会议网盘”中。参会者可以将会议中需要用到的资料上传到“会议网盘”与其他人共享，其他人从“会议网盘”下载到个人电脑，会议结束后自动删除，不留痕迹。

云会议提供会中聊天功能，主持人可以对聊天权限进行设置，包括“会议中不使用聊天”、“参会人仅可以与主持人聊天”、“参会人可任意聊天”。具有权限的参会人可以点击聊天图框，在打开的聊天窗口中输入文本进行聊天。聊天信息可以发送给所有人(群聊)或指定参会人(私聊)。

云会议安全控制为会议的内容提供保护。主持人通过点击“锁定会议”，可以防止其他参会人加入。如果遇到不速之客，主持人可以将他请出云会议。

云计算理念就在于通过网络提供用户所需的计算力、存储空间、软件功能和信息服务等，使用户终端简化成一个单纯的输入/输出设备，并能按需享受“云”的强大计算处理能力。云会议利用云计算技术将数据交换、分析、传输、处理等全部转入“云网络”自动进行，不受用户带宽资源、硬件设备等条件限制，从而实现在恶劣网络环境下的高质量应用，即全高清 1080P①多界面视频、“永不掉线”音频，以及高度真实的远程协作办公，

① 1080P 是一种视频显示格式，是美国电影电视工程师协会(SMPTE)制定的最高等级高清数字电视的格式标准，有效显示格式为 1920 × 1080 SMPTE。外语字母 P 意为逐行扫描(Progressive Scan)。

使得云会议在任何时间段都可以实现稳定、流畅的音/视在线对话，展开无障碍远程协作。

可以预想，云会议凭借其高效、便捷、低成本的特点，将会对商务人士的工作产生巨大的影响。云会议将逐渐取代原有的电话和视频会议产品，成为新一代的视频会议主流产品。

3.4　神奇的打印术

2012 年 12 月，成龙的第 101 部电影《十二生肖》在全国各大影院热映。电影中讲述了杰克为领取国际文物贩子开出的巨额奖金，四处寻找十二生肖中失散的兽首。在寻宝过程中被文物专家关教授的学生 Coco 的爱国情怀所感动，最后转而帮助全力挽救国宝的故事。在享受酣畅的打斗和惊险、搞笑的夺宝冒险的时候，有一个镜头也让我们眼前一亮：成龙戴一副带传感器的白手套，扫描国宝十二生肖的头像，把头像的数据传进电脑。与此同时，他的伙伴在一台神奇的机器里，瞬间就把一模一样的兽首制造出来。这个看似科幻的场景实际上包含的就是非常流行的云打印技术和 3D 打印技术。

图 3.5 所示为电影《十二生肖》的画面。

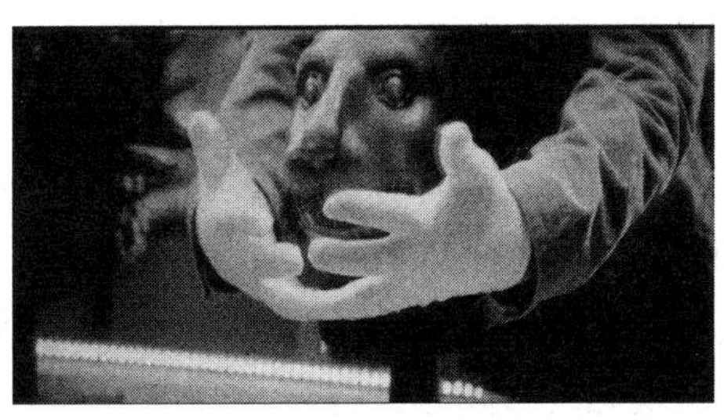

图 3.5　《十二生肖》中成龙使用带有扫描功能的手套复制兽首的画面

也许我们都不太记得，在印制技术上，我们曾经是世界的骄傲。活字印刷术作为中国的四大发明之一，曾经为人类文明的传播立下了汗马功劳。在宋朝以前，文字的传播只能依靠手工抄写，非常费时费力，人们所能接触的文字信息非常有限。在北宋毕升发明活字印刷技术之后，一本书很容易印制成许多本，文化信息就开始广泛流传，这样北宋逐步成为中国历史上科技发达、文化昌盛、艺术繁荣的朝代之一。现今，打印机已经普及到千家万户。在打印技术发展的基础上，云技术与打印机结合，再结合有效的三维实体制作技术，创造了能让打印机“制造出”真正的实物的神奇功能。云技术实现了远程打印和处理数据建模，而依靠粉末状金属或塑料等可黏合材料，通过逐层打印的方式就可以构造出实物。

随着云技术的成熟，打印机商家们早就在考虑如何使用云技术来打开新的市场了。商家们想到的就是移动云打印，即通过平板电脑和智能手机随时随地打印，但是，平板电脑和智能手机在最初的设计方案中并未考虑到打印功能，诸如 iPad 这样的产品甚至不能提供打印服务，因此如何实现移动打印曾一度成为令企业用户和 IT 业界都头疼的事，好在这一年多的时间里，包括惠普、佳能等打印行业巨头在谷歌提出了“云打印”概念之后，都先后推出了各自的移动打印解决方案，云打印的时代才慢慢拉开帷幕。

惠普在 2010 年 6 月成功推出了基于惠普云打印技术(ePrint)的个人打印机，同年 10 月又推出了业界第一款基于 ePrint 的联网商用打印机。使用惠普云打印技术的打印机连接互联网后，将被分配到一个 E-mail 地址。用户在任何地方将照片和文档发送邮件到该地址，即可完成打印。如此，打印也可以在任何地方、使用不同的设备来完成。同时，这些设备都无需安装专用的打印机驱动程序，增强了打印的便利性。当时惠普为了增加打印的趣味性，还在打印机中加入了一些特别定制的 App 应用[①]，其中既包括实用的学习资源，也有手工剪纸图案和菜谱供用户打印。

2012 年 11 月 28 日，佳能(中国)有限公司宣布正式推出佳能移动打印 App，并同步在苹果 App Store 上线。任何 iPhone 及 iPad 用户可免费下载，无需驱动即可连接 Wi-Fi 网络中的任意一部佳能激光打印机、多功能一体机或数码复合机，实现无线移动办公打印。

令 Android 终端用户感到高兴的是，接下来佳能还将会推出 Android 版本的打印 App，当然，这其实不能算是一件出乎大家意料的事情，毕竟 IOS 或

① App 是英文 Application 的简称，由于 iPhone 等智能手机的流行，App 指智能手机的第三方应用程序。比较著名的 App 商店有 Apple 的 iTunes 商店，Android 的 Android Market，诺基亚的 Ovi store，还有 Blackberry 用户的 BlackBerry App World，以及微软的应用商城。

Android 系统移动智能终端取代传统 PC 已经成为一种趋势。智能移动终端的普及率提升，带动了移动办公需求的提升。大量用户有能在远离传统网络或本地打印机时实现文档打印等应用的需求，自然也加速了云打印技术的成熟化。

同时云打印技术的逐渐成熟，也催生了打印界的另一项技术的发展，这就是 3D 打印技术。和蛋糕师傅裱奶油道理差不多，3D 打印的基本原理简单来说就是先逐层扫描，再分层打印。3D 打印机根据目标物体的三维数据模型读取截面信息，逐层打印，叠加起来就成为立体物体。这项技术的神奇之处在于，我们打印的对象不再仅是文字，打印的介质也不再仅是纸张，通过它我们可以复制任何实物。从塑料模型到汽车，从美味的食物到细胞组织。也许这项技术真的能改变我们的生活。

利用 3D 打印技术，我们可以为医患病人制造出身体器官。一个名叫艾玛的两岁小女孩，由于她天生患有关节挛缩症(AMC)，这抑制了她的肌肉发展，严重影响了她的运动能力，她花了大部分的时间在经历手术和矫正治疗，但是一直没有什么效果，直到威尔明顿德尔研究所的 Tariq Rahman 博士和 Whitney Sample 设计师为其打印了一个塑料外骨骼。艾玛通过这个 3D 打印机制作出来的人工骨骼已经可以自由移动她的手臂了。现在她可以玩玩具、自己吃饭、自己拿笔、开冰箱门，甚至拥抱父母。在未来化的信息战场，无论武器装备处于任何位置，一旦需要更换损毁的零部件，技术保障人员可随时利用携带的 3D 打印机，直接把所需的部件一个一个地打印出来，装配起来就可以让武器装备重新投入战场。未来不仅小型枪支、简单物资可实现打印，军舰、飞机、坦克等大型、复杂的武器装备，甚至食物、军事基地等都可用 3D 打印机直接或间接“制造”出来。我们穿旧的衣服，觉得不满意了，就可以丢进一种应用 3D 打印技术的服装机器，里面可以分解旧衣服为原料来打印新衣服，我们只要从网上下载了新款式的数据，按下按钮，这机器就能给你吐出一件新的衣服。在建筑领域，依靠施工队连夜赶工的场景或许在未来也将不复存在，利用放大的 3D 打印机，在 24 小时内直接“打印”出房屋来。

未来我们还能复制哪些东西？这倒值得我们憧憬。也许某一天，我们真的能像《十二生肖》里一样，看见什么令我们满意的东西，用便携的扫描设备扫一扫，家中就有了一个一模一样的复制品。

第 4 章 <<<<<<<<<<<<<<<

数据之家——云存储

4.1　云存储！网盘？

你有没有这样的经历，把资料、照片或文件等存在 U 盘里，想拷贝时却发现 U 盘忘记带，甚至出现 U 盘坏掉这种更加糟糕的情况？针对这一问题，为方便人们保存、调用和共享资料，不少科技公司推出了“云存储”服务。而这种存储服务，也受到经常要用电脑工作、学习的人群的青睐。

“云存储”如同它的名字一样，给人一种飘渺天际又无处不在的感觉。用户只要有一个账号，就可以实现文件的存储、访问、编辑、备份和共享——而这一切，都在科技公司提供的客户端完成，使用起来十分方便。用户不管是在家中、单位或其他任何地方，只要连接到网络，就可以管理、编辑上传的文件，不需要随身携带，更不怕丢失。

在“云存储”出现之前，一些科技公司也推出了在线存储服务——网盘，也叫网络硬盘。不过，随着存储技术的不断发展，传统的网盘因为传输速度慢、冗余备份及恢复能力低、安全性差、运营成本高等受到诟病，而“云存储”能够形成一个安全的数据存储和访问的系统。

目前，许多科技公司都开发了基于“云”技术的存储服务，像快盘、Q 盘、360 云盘、天翼云存储网盘、酷盘……不同的公司提供给用户的存储空间大小各异，从几 GB 到十几 GB 不等。用户还可以通过升级以获得更多的空间。对于普通用户来说，十几 G 的容量基本可以满足日常办公、学习。云存储不仅可实现文件的同步，还支持多客户端运用，即所谓的“一云多端”。只要你的手机、平板电脑安装了云存储应用软件，就能实现不

同设备之间的资料同步和提取。

其实，云存储和网盘还是极为相似的，它们的基本思路都是用户上传文件，然后可以把链接共享给其他用户，方便下载。尽管对用户来说，这种共享类云存储和传统网盘的分享服务几乎无差别，但却并不能把它们相提并论。简单而言，传统网盘的功能还停留在存储数据，只是用户存放文件的位置从本地挪到了服务器，很多时候面向个人服务的网盘并不提供备份；而云存储服务则是一个包含文件同步、工作协同、多应用汇聚的平台。在底层架构上，云存储应用了包括分布式文件系统、多租户管理与身份验证、虚拟化等技术手段。再次，它们面向的用户也略有差别，网盘的使用者是一般的个人用户，他们在网盘上保存个人数据，有时也拿这些数据与其他人分享；而云存储的用户是各类网络应用，包括网盘在内。云存储的用户可以是一个试图建立热门 Web 应用的创业团队，或者是一个想要名满天下的娱乐门户，或者是某个想要备份数据的企业等。在功能上，云存储专门提供数据对象的存放和读取功能，但不负责帮助用户组织数据。云存储的目标很简单：保存用户的数据，保证可靠、准确，以及服务可用。因为云存储面对包括网盘在内的各种网络应用，所承载的数据量远远超过网盘的规模。而网盘以外的其他应用，都会有各自不同的数据组织方式。云存储提供最简单，但最具灵活性的功能，以适应各种应用的需求。

不过，目前“云存储”服务也并非毫无缺点。比如，在一台电脑只能登录一个账号；有些客户端的传输速度仍然不够快；如果要在其他电脑或手机查看上传的资料，也需要安装客户端等。

对于大多数云存储的产品而言，虽然在具体提供的服务上千差万别，但是主要内容都是云同步和分享。在使用上，大致通过以下四步，我们就可以体验到云存储的服务：

(1) 根据需要选择下载、安装客户端。不同 IT 公司提供的云存储服务内容虽然都差不多，但在存储空间、传输速度、对传输单个文件的大小限制有所不同。用户可根据需要选择安装。

(2) 注册一个账号。安装客户端之后，用户需要注册账号、设置密码。有了账号和密码就能上传文档、图片、音频以及视频等。

(3) 文件同步。把文件上传到网盘，称之为“同步”。放在网盘里的文件可以直接打开修改，保存的时候会上传到服务器。在其他地方调用的时候，就是修改之后的文件了。除了同步文件，还可以同步 IE 收藏夹和即时通讯聊天记录，即使用户换了电脑也能查看。

(4) 文件分享。如果想要分享上传的文件，需要先添加好友账号。设置成功之后，只要点击“分享”，就能与被你选中的账号共享文件了。此外，也能够生成下载链接发给好友，并选择是否需要密码才能下载。

4.1.1　云存储的优势

云存储可以看作是云计算的延伸和发展，云存储的基本特点和云计算的特点是基本一致的。在云中不仅仅是通过互联网访问应用程序，还可以存储文件或者作为一个巨大的备份驱动或原始文件的存储源。云存储目前还在发展之中，但是却受到不少用户的青睐，云存储为什么被人们喜欢，使用云存储有什么好处呢?

1. 良好的可扩展性

用户在租用云存储空间时，可以根据自己的需要选择可大可小的空间。当你突然需要更大的存储空间时，云存储可以“腾闪挪移”，主动为用户添加需要的存储空间，而不必购买额外的计算机来弥补缺少的空间。比如华为的 T3000，基本上都是根据模块化来设计的。模块化设计的一个重要的优势就在于其灵活性比较高，在后续可以根据企业的业务来进行扩展。

这就好像租房子。房东有一个大房子，里面有十几个房间，用户可以根据自己的需要先租一两个用。如果以后觉得不够，还需要再租的话，不需要换房子，只需要再向房东租一个房间即可，这就可以省去搬家的麻烦。

这也正是企业所需要的。有些企业在前期规划不足，往往会出现后期存储空间不足的情况。如笔者以前遇到过一家企业，刚开始上存储系统的时候只考虑到了数据库、文件服务器、邮箱服务器的需要，但是没有考虑工厂监控系统的需求。后来上了监控系统才发现原有的存储空间不能够满足监控的需要(监控的视频文件一般需要存放 2 个星期左右，而且文件较大)。企业不得不再购买一个存储服务器专门用来存放视频文件。

如果企业采用的是云存储产品的话，就可以省去这方面的麻烦。

2．个性化的服务

对于私有云的使用用户而言，云服务提供商专门为单一的企业客户提供一个量身定制的云存储服务方案，或者可以是企业自己的 IT 机构来部署一套私有云服务架构。私有云不但能为企业用户提供最优质的贴身服务，而且还能在一定程度上降低安全风险。

3．更高的可靠性

服务器死机是一件很严重的事情，它不仅使成千上万的用户不能享受其服务，同时数据的丢失也是不能容忍的。如果每台服务器都有个备份就好了，这在云存储中不是问题。云存储能作为一个巨大的在线备份数据驱动器使用，这样即使某个服务器出现了问题，你也能保持心平气和，因为你知道你的数据是用多个服务器保存多份的。某个服务器出现问题，其他服务器的数据仍然能够照常使用。

4．廉价的成本

现在企业很少有单独的存储系统，其中很大一部分原因是存储系统的部署成本比较高。为此有些企业宁愿承受数据丢失的风险，也不愿意花大价钱购买一套存储系统。而采用云存储产品的话，可以明显地降低存储系统的部署成本。云存储产品是提供商在互联网上部署一个存储服务器，然后租用给企业。这就跟现在的房产市场一样。现在的房子越来越贵，平常百姓买不起。但是又要住，该怎么办呢？此时可以通过租房来解决问题。毕竟租金按月或者年来付，大部分人还是付得起的。虽然从长期来看其成本可能与购买的成本相差不大。但是毕竟可以分散企业的资金压力。简单地说，就是可以以比较低的价钱，来享受比较高的存储服务。利用现在比较流行的话来说，就是价廉物美。

4.1.2　云存储的顾虑

云存储在多个终端上的自动同步，使得我们可以在 PC 机、平板电脑和手机之间无缝地访问我们的数据，为用户的生活和工作带来极大的便捷。然而，使用云存储的过程中仍然存在下述一些我们不得不顾虑的问题。

1. 数据的安全性

云存储提供的是在线的数据存储服务。对于用户而言，数据存放在其所不能控制的地方总是缺乏安全感，数据的安全以及保密问题是绝大多数用户首要考虑的，作为云存储提供商需要有相应的存储技术去保障。尽管所有的云存储提供商都在吹捧他们的系统是多么安全，但是依然存在被网络黑客盗取的可能性。并且当云服务提供商出现问题或者服务器出现故障时，用户就可能丢失或者泄露他们的数据。2010 年 9 月，微软在美国西部对在过去几周时间内出现至少三次托管服务中断向用户致歉，这是微软首次爆出重大的云计算数据突破事件[①]。2011 年 4 月 22 日，亚马逊云数据中心服务器大面积中断，这一事件被认为是亚马逊史上最为严重的云计算安全事件。此外，其他一些国际商业巨头也频频发生云服务中断事故 。不仅是云存储提供商，用户在使用过程中也会产生一定的问题，比如在某种情况下泄露了自己的数据访问密码，或者进入了一个错误的网址，只是一个简单的错误就能将用户的数据暴露给其他非授权用户，或者删除掉用户的重要数据。安全问题是用户对云服务最大的质疑和难题。如果能够解决这一难题，那么云服务则能够顺利地得到更广泛的应用，反之则会止步不前。

2. 带宽限制

数据传输的速度对于云存储的有效使用有很大的影响。对于通常的本地存储数据可以高速写入磁盘，但是对于云存储速度却与磁盘读/写速度相关不大。云存储速度主要是由宽带的速度所决定的，影响网速的因素是多方面的，例如多个用户对网速的争夺、网络服务供应商的网络设备的性能等。除了网速问题以外，还有云数据中心本身提供的性能，这包括来自其他客户的 Web 流量、共享基础设施和转移到远程数据中心的数据量。因此在很多情况下，使用本地存储复制 2G 字节的数据需要花几分钟，而对

---

① 数据突破事件指由于内部漏洞或没有严格遵守操作规则或骇客突破等原因，将数据提供给非授权用户造成的系统内部数据外泄。

于云存储，同样的操作可能需要花几个小时才能完成。考虑这些问题后，我们就可以知道为什么云存储不能提供本地磁盘那样的性能了。

3. 可用性

云存储特征之一是易用性和管理方便。用户希望云存储服务易于使用，用户交互接口简洁，无需改变原有的使用行为，能够对现有的应用系统透明(即应用不需要修改)，比如提供 Web 接口、网络磁盘接口、标准访问接口(如 FTP、P2P、POSIX)。例如，使用电力资源提供的接口就非常简洁，只要一个插座即可，也容易统一标准。如果大家体验过 Aamzon S3、Google storage、SkyDrive、SuguarSync、Mozy 等云存储服务，就会发现这些服务不是提供自定义的访问接口(如 REST、SOAP)，就是提供各自专用的用户界面，甚至要求用户进行开发。另外对于数据管理，各家云存储这个环节也很薄弱，要么非常简单，要么基本没有。

4.2 使用云存储

云存储到底能用来干什么，通过云存储能用在什么样的业务系统中？云存储能提供什么样的服务取决于云存储架构的应用接口层中内嵌了什么类型的应用软件和服务。

不同类型的云存储运营商对外提供的服务不同。根据云存储提供的服务类型和面向的用户不同，云存储服务可以分为个人级应用和企业级应用。

4.2.1 个人级云存储应用

1. 网络磁盘

相信很多人都使用过腾讯、MSN 等很多大型网站所推出的“网络磁盘”服务。网络磁盘是个在线存储服务，使用者可通过 Web 访问方式来上传和下载文件，实现个人重要数据的存储和备份网络化。高级的网络磁盘可以提供 Web 页面和客户端软件等两种访问方式，早在 2002 年时就出现了 Xdisk 这个网络磁盘软件系统，它可以通过客户端软件在本地创建一个名盘符为 X 的虚拟磁盘，实现重要文件的存储和管理，使用的方式与使用本地磁盘相同。尽管它仅是将局域网中的磁盘空间共享使用，但也成为了日后发展的网络磁盘的雏形。

网络磁盘的容量空间一般取决于服务商的服务策略，或取决于使用者向服务商支付的费用多少。

2. 在线文档编辑

经过近几年的快速发展，Google 所能提供的服务早已经从当初单一的搜索引擎，扩展到了 Google Calendar、Google Docs、Google Scholar、Google Picasa 等多种在线应用服务。Google 一般都把这些在线的应用服务称之为云计算。

相比较传统的文档编辑软件，Google Docs 的出现将会使我们的使用方式和使用习惯发生巨大转变，今后我们将不再需要在个人 PC 上安装 Office 等软件，只需要打开 Google Docs 网页，通过 Google Docs 就可以进行文档编辑和修改(使用云计算系统)，并将编辑完成的文档保存在 Google Docs 服务所提供的个人存储空间中(使用云存储系统)。无论我们走到哪儿，都可以再次登录 Google Docs，打开保存在云存储系统中的文档。通过云存储系统的权限管理功能，还能轻松实现文档的共享、传送以及版本管理。

3. 在线的网络游戏

近年来，网络游戏越来越受到年轻人的喜爱，传奇、魔兽、武林三国等各种不同主题和风格的游戏层出不穷，网络游戏公司也使出浑身解数来吸引玩家。但很多玩家都会发现一个很重要的问题：由于带宽和单台服务器的性能限制，要满足成千上万个玩家上线，网络游戏公司就需要在全国不同地区建设很多个游戏服务器，而在这些游戏服务器上，玩家相互之间是完全隔离的，不同服务器上的玩家根本不可能在游戏中见面，更不用说一起组队来完成游戏任务。

以后，我们可以通过云计算和云存储系统来构建一个庞大的、超能的游戏服务器群，这个服务器群系统对于游戏玩家来讲，就如同是一台服务器，所有玩家在一起进行竞争。云计算和云存储的应用，可以代替现有的

多服务器架构，使所有玩家都能集中在一个游戏服务器组的管理之下。所有玩家聚集在一起，这将会使游戏变得更加精彩，竞争变得更加激烈。同时，云计算和云存储系统的使用，可在最大限度上提升游戏服务器的性能，实现更多的功能。各玩家除了不再需要下载、安装大容量的游戏程序外，更免除了需要定期进行游戏升级等问题。

4.2.2　企业级云存储应用

除了个人级云存储应用外，企业级云存储应用也即将面世，而且以后可能会成为云存储应用的主力军。从目前不同行业的存储应用现状来看，以下几类系统将有可能很快进入云存储时代。

1. 企业空间租赁服务

信息化的不断发展使得各企业、单位的信息数据量呈几何曲线增长。数据量的增长不仅仅意味着更多的硬件设备投入，还意味着更多的机房环境设备投入，以及运行维护成本和人力成本的增加。即使是现在仍然有很多单位，特别是中小企业没有资金购买独立的、私有的存储设备，更没有配备技术工程师来有效地完成存储设备的管理和维护。

通过高性能、大容量云存储系统，数据业务运营商和 IDC[①]数据中心可以为无法单独购买大容量存储设备的企事业单位提供方便、快捷的空间租赁服务，满足企事业单位不断增加的业务数据存储和管理服务。同时，大量专业技术人员的日常管理和维护可以保障云存储系统运行安全，确保数据不会丢失。

2. 企业级远程数据备份和容灾

随着企业数据量的不断增加，数据的安全性要求也在不断增加。企业中的数据不仅要有足够的容量空间去存储，还需要实现数据的安全备份和远程容灾。不仅要保证本地数据的安全性，还要保证当本地发生重大的灾

---

① IDC(Internet Data Center)即互联网数据中心，可以为用户提供包括申请域名、租用虚拟主机空间、服务器托管租用、云主机等服务。

难时，可通过远程备份或远程容灾系统进行快速恢复。

通过高性能、大容量云存储系统和远程数据备份软件，数据业务运营商和 IDC 数据中心可以为所有需要远程数据备份和容灾的企事业单位提供空间租赁和备份业务租赁服务，普通的企事业单位、中小企业可租用 IDC 数据中心提供的空间服务和远程数据备份服务功能，可以建立自己的远程备份和容灾系统。

3. 视频监控系统

近两年来，电信和网通在全国各地建设了很多不同规模的"全球眼"、"宽视界"网络视频监控系统。"全球眼"或"宽视界"系统的终极目标是建设一个类似话音网络和数据服务网络一样的、遍布全国的视频监控系统，为所有用户提供远程(城区内或异地)的实时视频监控和视频回放功能，并根据所提供的服务内容来收取费用。但由于目前城市内部和城市之间网络条件的限制，视频监控系统存储设备规模的限制，"全球眼"或"宽视界"一般都能在一个城市内部，甚至一个城市的某一个区县内部来建设。

假设我们有一个遍布全国的云存储系统，并在这个云存储系统中内嵌视频监控平台管理软件，建设"全球眼"或"宽视界"系统将会变成一件非常简单的事情。系统的建设者只需要考虑摄像头和编码器等前端设备，为每一个编码器、IP 摄像头分配一个带宽足够的接入网链路，通过接入网与云存储系统连接，实时的视频就可以很方便地保存到云存储中，并通过视频监控平台管理软件实现图像的管理和调用，用户不仅可以通过电视墙或 PC 来监视查看图像信号，还可以通过手机来远程观看实时图像。

4.3 个人云存储产品

目前市场上比较有影响力的几大云存储产品有 Dropbox、iCloud、Google Drive 和 SkyDrive。下面简要介绍一下这几款产品。

1. Dropbox

Dropbox 是一款非常实用的网络文件同步工具，它通过云计算技术实

现实时同步本地文件到云端，用户可以存储并共享文件和文件夹。它支持在多台电脑多种操作中自动同步，并可当作大容量的网络硬盘使用。目前 Dropbox 提供免费和收费服务，Dropbox 的收费服务包括 Dropbox Pro 和 Dropbox for Business。Dropbox 为不同操作系统提供相应客户端软件，并且有网页客户端。2013 年 4 月，Dropbox 正式推出了简体中文版和繁体中文版，极大地方便了中国用户的使用。

当用户在电脑 A 使用 Dropbox 时，指定文件夹里所有文件的改动均会自动地同步到 Dropbox 的服务器，当下次在电脑 B 需要使用这些文件时，只需登录你的账户，所有被同步的文件均会自动下载到 B 电脑中。同样，在电脑 B 对某文件的修改也会体现在电脑 A 上，而所有这一切均是全自动的，这样用户的文件可以说是随时随地都能保持着最新。将文件放入一台电脑的 Dropbox 里面，文件就能即时同步到 Dropbox 的服务器端，这些文件在任何安装了 Dropbox 的电脑上都可以访问，无论这台电脑的操作系统是 Windows、Mac 和 Linux 都可以。可以用电脑或者移动终端从 Dropbox 网站来访问这些文件。

Dropbox 支持文件的批量拖曳上传，单文件最大上限 300 M。如果用客户端上传则无最大单个文件的限制，免费账户总容量最大达 18.8 G，但若流量超标，整个账户的外链流量①就会被取消。用户可以通过邀请来增加容量，并且支持多种文件外链。

用户可以通过 Dropbox 客户端把任意文件丢入指定文件夹，然后就会被同步到云，以及该用户其他装有 Dropbox 客户端的其他计算机中。

Dropbox 文件夹中的文件随后就可以与其他 Dropbox 用户分享，或通过网页来获取。用户也可以通过网页浏览器来手工上传文件。Dropbox 作为存储服务，主要专注于同步和共享。Dropbox 支持修订历史记录，即使文件被删也可以从任何一个同步计算机中得以恢复。用户通过 Dropbox 的

---

① 外链流量是指在其他网站上有链到自己网站的网址，而通过其他网站上的链接访问到这个网站，这期间产生的流量就是外链流量。在其他网站上的链接就称做外链。一个高质量的外部链接是可以给网站带来很好的流量，但对于存储应用来讲，在方便公共共享的同时也加重了服务器的负荷，因此许多服务商都对此有一定限定。

版本控制，可以知道他们共同作业文件的历史记录，这样多人参与编辑、再发布文件，就不会因为并发而丢失先前的记录。版本记录历史仅限于 30 天，而通过付费可以实现无限的版本记录，也就是所谓的"Pack-Rat"。版本记录用到了差分编码技术，为了节省带宽和时间，当用户 Dropbox 文件夹中的文件发生变化后，Dropbox 只上传改变的文件部分，并实施同步。尽管桌面客户端对单个文件大小不作限制，而通过网站上传的单个文件大小上限则是 300 MB。

2. iCloud

iCloud 是苹果用来替代 MobileMe 的云端服务产品。iCloud 整合了原来 MobileMe 上的产品，将苹果音乐服务、系统备份、文件传输、笔记本及平板设备产品线等元素有机地结合在了一起，而且联系非常紧密。

iCloud 平台可以将你的个人信息存储到苹果的服务器，通过连接无线网络，这些信息会自动推送到你手中的每个设备上，这些设备包括 iPhone、iPod Touch、iPad，甚至是 Mac 电脑。用户只需要拥有一个@me 账号，无论你在什么设备上登录，这些信息都会自动同步推送到你账号登录的设备上面。例如，你在 iPhone 上下载一款新应用软件，它就会自动出现在你的 iPad 上。你不必担心多部设备同步的问题，因为 iCloud 会为你代劳。假如你在很久以前买过一款应用软件，现在要将这款应用装在你的全新 iPod touch 上，iCloud 可让你在一个恰当位置查看过去下载的内容：你在 App Store 上的购买历史记录。由于你已购买了这些应用软件，因此无须支付额外费用便可将它们再次下载到你的 iPhone、iPad 或 iPod touch 上。一旦你从 iBookstore 下载了电子书，iCloud 会自动将其推送到你其他的设备。在你的 iPad 上开始阅读、加亮某些文字，记录笔记或添加书签，iCloud 就会自动更新你的 iPhone 和 iPod touch。下载书籍后，它会出现在你的 iBookstore 历史记录中。从这里，你随时可以将它下载到你的任意一部设备上，而且不会收取额外的费用。iCloud 可以帮助用户在不同的设备上进行同样的文本编辑操作。如果在 iPhone 上建立一个文档，这个文档会自动同步到云端，这样在其他设备上也可以找到之前建好的这个文档，这一服务不仅在 iOS 设备中可以使用，在其他苹果设备也可以使用。iCloud 可以

将你拍摄的照片自动推送至服务器，然后服务器会将这些内容再推送到你之前使用个人 ID 登录过的每个苹果设备上或者装有 OS X 操作系统的苹果电脑或者 Windows 系统的电脑，有点类似 Android 的 Picasa 相册。在 Mac 上面，也可以找到 iOS 设备上拍摄的照片，不过需要借助苹果自带的 iPhoto 应用。

3. Google Drive

Google 在硅谷 2012 年 4 月 24 日正式推出了 Google Drive①。Google Drive 为用户提供 5 GB 的免费存储空间。用户可以通过统一的谷歌账户进行登录。Google Drive 服务有本地客户端版本和网络界面版本，后者与 Google Docs 界面相似。Google Drive 针对 Google Apps②客户推出，访问域名为 drive.google.com。另外，Google 还会向第三方提供 API 接口，允许人们从其他程序上存内容到 Google Drive。

Google Drive 将 Google Docs 进行了深度整合。在 Google Drive 可以打开并查看任何文件。就像 Google 的其他网络服务一样，用户无需在自己的电脑上安装任何插件，通过一个浏览器就可以像在本地一样查看它们。借助 Google 公司的搜索技术，Google Drive 提供的快速搜索功能可以提供比本地办公软件更精准的搜索服务，用户无需再为哪个文档位于哪个文件夹中这样的问题而烦恼。Google Drive 不仅可以搜索自己创建的内容，还可以在他人共享的文档中搜索。用户可以使用关键字和过滤器找到任何文件，甚至还能搜索图片中的物体或扫描文件中的文本。文件可以很方便地从 Google Drive 导入及导出。若要从保存在用户计算机上的现有文件开始操作，只要上传该文档，并从用户上次停止的地方继续进行即可。要离线使用文档或将其作为附件分发，只需以最适合用户的格式在您自己的计算机上保存一份 Google 文件副本即可。无论用户是上传还是下载文件，

---

① 截至 2014 年 10 月 1 日，Google Drive 的活跃用户已达到了 2.4 亿人。

② Google Apps 是 Google 提供的一个个性化服务，它包括几项可用于非 Google 域名的网络应用程序，如 Gmail、Google 日历、Google 云端硬盘、Google 文件等。集成了 Google Docs 的 Google Drive 也在这个平台上。

所有的格式都会予以保留。为了更好地支持移动办公，Google 收购了移动平台办公云服务公司 Quickoffice[①]。移动版的 Google Drive，使用户能够在 iOS 和 Android 等移动设备上打开、创建或编辑文字处理、电子表格、演示文稿文件和浏览 PDF 文件等办的公功能。Google Drive 最大的好处就是可以在线协同编辑，由于文档是存放在网上的，这样用户团队中的其他人就可以实时在线对文档进行编辑和更新，免去用户线下发送相同版本的文档并根据每个不同的回复对相同文档进行反复更新。多名用户可同时在线更改文件，并可以实时看到其他成员所作的编辑。

4．SkyDrive

SkyDrive 是由微软公司 2012 年 4 月 23 日推出的一项云存储服务，用户可以通过自己的 Windows Live 账户进行登录，上传自己的图片、文档等到 SkyDrive 中进行存储。SkyDrive 注册的新用户可获得 7 GB 免费储存空间，除此之外，微软还额外提供 10 美元/年 20 GB 储存空间、25 美元/年 50 GB 储存空间，以及 50 美元/年 100 GB 储存空间等付费选择。

SkyDrive 的文件管理方式与 Windows 基本相同，SkyDrive 可以建立多级目录，对文件、文件夹进行移动、复制、共享、删除等操作。一个新的 Windows Live 用户默认情况下有图片、文档两个文件夹，并且允许登录用户采用 zip 格式下载选中的文件或文件夹。用户可以对 SkyDrive 中的顶层文件夹进行权限控制，存放在个人文件夹中的文件只有用户自己可访问。保存到共享文件夹中的文件，用户可以通过 Windows Live 以及联系人列表共享。在公共文件夹的文件则可以被 Internet 中的任何人访问，但是这些文件只有用户自己可以修改，其他人只具有查看的权限。对于已共享的文件，可以登录 SkyDrive，然后点击选择需要取消共享的文件，在页

---

① Quickoffice 致力于提供移动办公软件和解决方案，主要产品 Quickoffice(同名)提供能在 iOS 和 Android 等移动设备上打开、创建或编辑的文字处理、电子表格、演示文稿文件和浏览 PDF 文件等办公功能，Google 于 2012 年 6 月收购 Quickoffice，并在 2013 年 9 月作为 Google 免费软件发布新 Quickoffice，随着 Quickoffice 功能陆续被整合进 Google Docs，2014 年 6 月 30 日，Google 表示，Quickoffice 服务将很快被关闭。

面右侧的操作面板删除共享相关链接与联系人即可。

网页版的 SkyDrive 可以上载任何大小不超过 300 MB 的照片和文件，桌面版的 SkyDrive 可以上载任何大小不超过 2 GB 的文件，而且上载后，用户可以移动、复制、删除和重命名照片或文件；还可以为其添加标题；对于图片文件，还以添加标签。

SkyDrive 也集成了在线办公的功能，类似 Google Docs。SkyDrive 可以直接创建 docx、pptx、xlsx 等 Office 2007 以上版本的文件，而且允许授权用户在线编辑。相比于 Google Docs，SkyDrive 具有很大的优势，可以实时编辑、多人同时编辑、用本机的 Office 编辑、在线编辑实时保存文件以及具有 Office 2010 的基本功能、在国内的网络环境下相对 Google Docs 更稳定。

4.4　战乱纷纷的个人云存储市场

在云计算市场最火热的话题之一莫过于个人云存储。全球 IT 市场咨询公司思林博德(SpringboardResearch)曾预计，2009—2014 年，中国云存储服务市场的年复合增长率达到 103%，到 2014 年达到 2.08 亿美元。

面对这样庞大的云存储市场，众多厂商都紧盯不放。国外的厂商有 Dropbox、微软、亚马逊、苹果、Google 等；国内的厂商就更不胜枚举，有新浪、阿里、华为、酷盘、中国电信、腾讯等。而在这些厂商中，Dropbox 无疑是个人云存储的领跑者和航向标。

1. 国外公司

创立于 2008 年的 Dropbox 公司可算是美国硅谷的一颗新星。从创始之初的用户寥寥，到现在拥有上亿的用户，仅 2012 年融资的估值高达 100 亿美元，成为现在全球知名的在线存储服务提供商。在 Dropbox 还没出现的时候，人们要使用网络的文件服务非常的麻烦。首先要将本地的文件传到提供存储服务的网站；如果文件出现错误或者重新进行了修改，我们就得重新上传；如果用户想在其他的电脑上访问这些文件，就得重新下载。那时候的存储服务更像是用网线代替 USB 接口的 U 盘，直到 2008 年，人们的网络存储方式才被 Dropbox 打破。在 Dropbox 中，用户可以把任意文件丢入指定文件夹，然后就会被同步到云，以及该用户其他装有Dropbox客户端的其他计算机中。用户可以随便使用一台其他的电脑继续编辑没有完成的文档，这样使用U盘的方式就显得多余了。使用Dropbox的另一个好处就是数据更安全。即使用户的电脑发生了故障，不能再访问硬盘里的文件，只要用其他的电脑同步一下，在云端的文件就回来了。Dropbox的功能小而精准，只提供给用户一个文件夹，但这个文件夹永远会自动同步，永远不出错，像是魔术一样。Dropbox的“专注”赢得了广大用户的青睐，从起步的数百个用户，到2011年10月福布斯公布的数据，Dropbox在全球共有5000万用户。在2013年7月旧金山举行的开发者大会DBX上，Dropbox CEO Drew Houston宣布，Dropbox用户已达到1.75亿。Dropbox无疑在个人云存储领域取得了巨大的成功。

Dropbox在个人云存储市场风生水起的同时，IT界的大佬们也不会视而不见。其实苹果很早就推出了像MobileMe服务下iDisk这样的在线存储服务，并提供20 GB存储空间。但是只提供了共享的功能，而没有实现同步，还形成不了竞争力。为了能在个人云存储领域分得一块蛋糕，到了2011年，苹果开始逐步结束MobileMe的寿命，并推出iCloud云同步服务作为替代。iCloud将原有的MobileMe功能进行全新改写而成，提供了原有的邮件、行程日历和联系人同步功能。并集成在了最新的Mac操作系统和iOS系统当中。虽然出于淡化文件操作的考虑，没有支持类似于Dropbox的文件拖放同步，但是它已经开发了编程接口，让软件开发商们可以在自己的软件或者应用中集成对iCloud的支持，从而实现各个软件在不同的设备之间的同步。

除了苹果，微软作为占据绝大市场份额的操作系统提供商，如果将云存储这种比较基础的服务集成在操作系统里，可能对其他云存储公司来说就是灾难了。不过可能是上世纪90年代末被反垄断的官司弄怕了，微软再也不敢随便在操作系统上集成一些新的功能，这也给Dropbox们提供了必要的生存空间。但微软显然是不甘心将市场拱手让给别人的，最近它给iOS设备提供SkyDrive个人云存储应用，也算是放下了身段，认真给消费者做服务。毕竟在移动设备市场，iOS的市场份额不容忽视，而微软自己的WP7还不成气候。

搜索引擎巨头谷歌在云存储方面也有所储备，在 Google Docs 支持所有上传文件格式之后，它俨然已变成了一个在线的存储服务，同时还可以在线编辑 Office 文档。不过，与 Dropbox 客户端相比，它还不够方便，但却符合谷歌想把所有东西都放进浏览器的大思路。

2. 国内公司

在国内，个人云存储的竞争也非常激烈。金山公司旗下的网络硬盘服务商金山快盘宣布分拆，成立金山云独立子公司。金山快盘于 2013 年 8 月 12 日宣传为用户永久免费 100G 云空间，以此为导火线，网盘大战正式拉开了序幕。8 月 14 日，360 云盘开始送 360G，8 月 22 日，百度网盘携带 1T 的永久空间前来挑战，并且活动页面摆明了“100 G + 360 G + 564 G + 1 块钱 = 1 T”，意在打压金山的免费 100G 与 360 的 360 G。面对百度攻势，360 再次披甲上阵，匆忙应战，再送 666G，并在微博公开发表：“那就再送 666G，无需 1 块钱，无需繁琐的支付过程，1 T 空间你直接拿走。”而就在这时，一直低调的华为网盘不知何时已推出了无限云空间的服务。从容量上看，各家公司各有法宝：金山网盘送了 100 G，360、百度分别送了 1 T，华为网盘送的是无限空间。但其实不管是送的 1 T 还是无限空间，对于个人用户来说，大部分空间是用不上的，在大家血红着眼睛领取大量免费空间的时候，需要冷静下来，只有选择最适合自己的才是王道。相对于服务品质，空间大小反而并不是绝对重要的。就像当年叱咤一时的 T 盘，1 T 容量免费送，可没多久就倒了……

为什么这么多巨头在云存储上如此投入？国内做云存储的公司琳琅满目，数得上的有金山、华为、百度、115、迅雷 360 等，细细观察，不外乎两种类型：一是纯互联网公司，如 360、百度、迅雷、115 等，另外一个是涉及终端服务的公司，如金山网盘(小米、红米)、华为网盘(华为手机)等。

纯互联网公司在意的是用户、流量、数据，这类公司做云存储的目的在于控制入口，包括之前的 3Q 大战，360 与腾讯之间大战所争亦是互联网公司最看重的入口。所谓醉翁之意不在酒，互联网巨头投入云存储、送大量空间，目的无非是控制入口、笼络用户并获取数据，以此来进行其他方面的推广并获取盈利。前一阵子很流行的百度魔图后来戛然而止，原因

就在其有收集用户隐私数据的嫌疑，不少人担心这是百度通过面部识别、人脸搜索收集数据。百度一旦建立起个人面部识别数据库，跟手机号、单位等信息挂钩，会发生什么？譬如以后你在高架上跟别人碰车，对方扬手拍你张照片，就能搜到你；譬如地铁有人偷拍你一张照片，就可以将你微博、微信、别人跟你的合影、朋友圈、你过去的生命轨迹全搜出来，只要他愿意。

涉及终端服务的公司看重终端手机的销量，这类公司做云存储的目的是为终端服务的。目前手机占据了普通网民大量的时间，有人预言未来 5 至 10 年，移动互联网会逐步取代 PC 互联网，所以涉及终端的公司会不断提高手机的品质，而云存储作为手机服务的一种，是和手机紧密结合的。他们做云存储的目的就是为了提高手机的竞争力，提高用户体验。

我们普通网民该如何选择云存储服务？只有最适合自己的才是王道，互联网公司的网盘，因为其本身的特点是关注用户、流量、数据，所以对于用户最需要的“服务”一环是软肋，联系到前一段时间百度云的删文件事件和大家周知的中国雅虎邮箱全面停止服务事件可得知，作为存储用户个人资料的网盘，如果一旦服务终止或崩溃，给用户带来的损失是十分巨大的。此外，还有隐私问题，用户存储在服务端的资料必须得到充分的保密。

反观另一类公司，相对于互联网公司的看不见摸不着，一个四处都能看到手机终端产品并且服务有保证的公司更能让用户放心。手机的生产公司必须对手机服务保证，而云存储服务作为手机服务的一种也需得到切实的保障。用户买了手机回去，若发现有问题，随时都可以找到对应的服务网点享受售后服务。有这样的保障，终端公司的云存储服务相比于互联网公司就相对靠谱一些。选择云服务，要结合自身实际情况选择最适合自己的，不要被各种花哨喧嚣的上 T 空间宣传迷住了双眼。

>>>>>>>>>>>>>>> 第 5 章

有云生活更精彩

5.1　信息爆炸如何做笔记

互联网时代是一个信息大爆炸的时代，信息无处不在、无孔不入，我们无时无刻不在体验着信息时代的便捷。在 Google 或百度中随便一搜便有成千上万的记录出现，但是其中很多信息对我们没有多大价值；很多时候，网络上的信息我们虽然都看过，却都只是蜻蜓点水，冷静下来思考后发现自己什么都没懂。获取信息并不等于获取知识，如何保留对我们有价值的信息才是更为重要的。云笔记的出现让我们的知识保存不再是一件困难的事。在网络上浏览过有价值的信息，我们可以轻松地把它保存下来，然后同步到云端，以后需要的时候就不用再苦恼当初的信息找不到；并且，现在的云笔记产品都支持多终端登录，我们通过智能手机或平板电脑就可查看这些信息，同时也可以随时随地记录我们的所见所想。

在众多云笔记产品中，Evernote①和有道云笔记出现较早，也比较受大众欢迎，其他还有 Google Keep、微软的 oneNote、盛大的麦库记事，以及新点科技的 FIT 云笔记等。云笔记产品的功能大都类似，下面我们以 Evernote 为例介绍一些云笔记的使用。

使用 Evernote 可以很方便地创建一条笔记。点击图 5.1 所示 Evernote 主窗口的顶部的“新建笔记”按钮就可以创建一条笔记，这时候用户可以

① 美国云笔记服务商 Evernote 在 2012 年 5 月进入中国市场，并推出中文版本的 Evernote——“印象笔记”。

给笔记起一个喜欢的标题。然后点击笔记的正文部分并开始输入文本，用户可以自由地改变文本的字体、字号或者颜色，或者也可以将文本调整成粗体、斜体或者下划线体。一旦完成了笔记的输入，不再需要做任何事情，Evernote 会自动保存并同步你的新笔记到 Evernote 服务器。并且，Evernote 支持多平台访问，用户通过智能手机也可以随时随地新建和浏览笔记。

图 5.1 所示为 Evernote 的 PC 客户端使用界面。

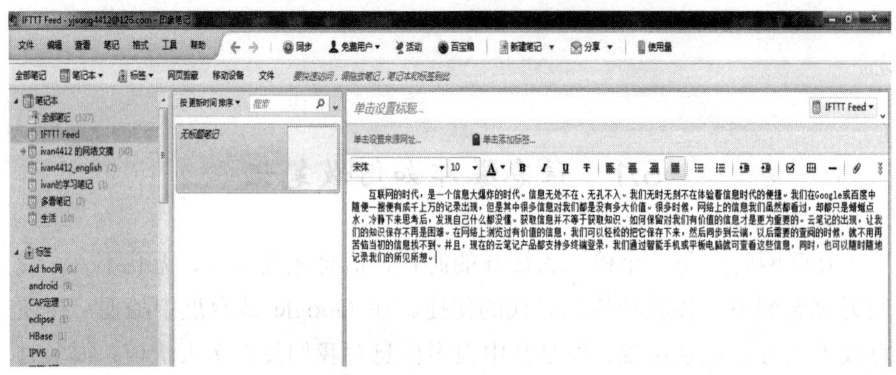

图 5.1　Evernote 的 PC 客户端使用界面

Evernote 可以存储许多不同类型的内容，不仅仅是文本，还可存储图片。与一般传统印象中的笔记不同，Evernote 可以保存音频信息，记录欢声笑语，智能手机版的 Evernote 还可以拍摄相片放在笔记中，难怪 Evernote 的口号就是“记录点点滴滴”。如果做笔记的时候有附件怎么办呢？不用担心，Evernote 同样可以方便地添加文件，用户可以轻易地把文件放进印象笔记里，并配合其他操作、任务和工作项目使用它们。有趣的是 Evernote 同时也可以保存网页，它会按照网页的格式把网页保存在你的笔记中，而不是一段杂乱无章的文字。这项亲民的举措大大节省了用户排版网页信息的时间。

Evernote 为主流的浏览器都开发了相应的插件，用户下载这些插件并安装，在插件中登录自己的 Evernote 账户。在网页上看到自己喜欢的内容时，点击这个小插件，你的浏览器上就会出现选中网页内容的区域，用户可自主选中要保持的区域，同时 Evernote 裁剪整个页面、文章或仅仅保留网页的 URL。

Evernote 中的笔记也很好管理。首先用户可以根据自己的需要建立不同的笔记本组，如图 5.1 中把网页上收集的资料放在一个组内，把自己生活中的点点滴滴记录在另一个组内；同时用户还可以对每条笔记加上一个或多个标签，这样能够把不同的笔记根据内容、记忆或者时间地点关联起来，通过这些标签，用户很容易就构建起一个自己的知识库。

查看笔记的方式对用户记录笔记上的知识也很重要。在 Evernote 中，一切都可以轻松搜索，包括笔记的内容、标签和附件。印象笔记甚至还能搜索到附件图片中的文字。在用户完整输入之前，Evernote 还会进行预输入搜索。预输入搜索更容易找到所需笔记，只要在搜索笔记字段开始输入，就会马上出现一个下拉列表自动根据你账户中的内容显示搜索建议，这些建议内容包括笔记本中的关键词、笔记本名称、标签及最近搜索的词语。

如果要把用户的笔记给其他人看也很简单。任何单条笔记都可以通过 Evernote，以及电子邮件、社交媒体和网络分享给其他人，即使他不是 Evernote 用户也没问题，只需要分享菜单图标，然后选择用电子邮件发送笔记或者复制公开链接。复制公开链接允许其他的人通过这个公开链接访问笔记，任何拥有公开链接的人都可以访问这个笔记。对于当前活动状态(即声明为有效的公开状态)的公开链接的任何笔记，笔记编辑器右上角的分享图标将会是蓝色。若要禁用共享 URL 使其不再公开，可点击共享图标，然后点击停止共享。

Evernote 的安全性也不错。对于一些特定的笔记用户可以对它进行加密，任何要查看的人都必须输入密码才能看到里面的内容。用户还可以通过两步验证增强自己笔记的隐私性。在用户启用两步验证后，在任何设备第一次登录账户时，Evernote 服务会发送验证码到你的移动设备，根据提示输入正确的验证码，印象笔记会记住你的设备，以后在这台设备上，通过账户密码就可以访问你的笔记。如果用户又通过新的设备访问笔记，就要再次输入验证码。这样其他人就无法访问你的账户。

值得一说的是，Evernote 还有很多好用之处。比如，允许用户想通过 Evernote 自由保存邮件，每个用户的账户都有一个唯一的 Everonte 邮箱地址，通过向这个邮箱地址发送邮件就可以轻松保存邮件的内容，连附件也完好的在那里。以前我们喜欢使用 Google Reader 订阅网上的资讯，但是

2013 年 7 月 1 日，Google 关闭了这项受大众喜欢的 RSS 阅读器①，这让 Google Reader 的忠实粉丝们痛心不已。现在通过 IFTTT②，我们可以轻松地把网上的订阅资源自动同步到 Everonte，然后打开 Evernote 就可以看到在网上订阅的内容，Evernote 俨然成了一个 RSS 阅读器。通过 RSS 订阅的资讯都发到 Evernote 下的一本专门的笔记本下，如图 5.1 中，有本 IFTTT Feed 的笔记本，这里记录的就是关联 IFTTT 时的 RSS 订阅的内容。

图 5.2 所示是使用 IFTTT 订阅资讯的界面。

图 5.2　使用 IFTTT 订阅资讯到 Evernote

让人欣慰的是，现在许多应用都有支持分享到 Evernote 的功能。比如，许多人喜欢使用多看阅读这款应用软件在手机上浏览电子书，其中记录笔记的功能十分简捷易用，并且它产生的阅读笔记可以一键保存到你的 Evernote 中。我们还可以使用 Evernote 经营我们的食谱，在 Evernote 中新建一个专门存放食谱的笔记本，把自己常用的食谱都放在里面，在做菜的时候把 iPad 拿到厨房，打开 Evernote，同步后点击相应的食谱就能看到具体的步骤。在品尝完菜肴的时候，还可对食谱做些记录和修改，比如各种调料的比例、做菜的时间步骤，这样改正几次之后，这个菜谱就会变得更加实用。你也可以把自己的拿手好菜分享给好友，让朋友们一起参与你的食谱研究。老师们还可以通过 Evernote 来收作业。学生直接发送自己的作业到老师的 Evernote 邮件地址，老师打开笔记后即可以批改作业，批改完后共享笔记本给学生。Evernote 的使用方法远不仅如此，还有更多有趣、实用的用法等着读者去发现。

---

① Google Reader 是 Google 于 2005 年推出的一项 RSS 阅读器服务，普遍被认为是世界上最好的资讯订阅服务，一度曾被认为是最有价值的 Google 服务之一。Google 最终关闭 Google Reader 的原因主要是为了给像 Google+这样的社交产品让位，Google+ 中整合了一部分的阅读功能。

② IFTTT 也被网友戏称为“衣服脱脱脱”，这个在线应用非常强大，可以将许多互联网应用关联起来。这里提到的只是其中一种。

5.2　日　程　管　理

今天的我们大都习惯在电脑上保存自己的日程安排，而废弃了原来在壁挂式日历上涂涂写写的习惯。一方面是由于相对于挂在墙上不动的日历，我们每天都要使用电脑，可以经常看到这些日程安排，也方便我们做日程安排的管理。在线式日程管理的最大优点也是能够轻松摆脱办公室的束缚。无论出差在外还是回到家里，只要登录网站，输入进自己的账号，每天的安排便都历历在目。另一方面，现在的日程管理软件越来越好用，不仅可以记录，还可以自动提醒用户。基于云平台的在线日程管理更是让我们大呼过瘾，电脑上的日程管理可以和别人共享，当活动安排快到的时候，还可以让你的手机来提醒你。下面介绍一些主流的在线日程管理产品的应用。

1．Google 日历

现在的在线日历就肩负着管理用户日程活动安排的功能，已远远不是仅仅提供用户具体的年月日情况。而这些在线日历中，Google 日历算得上是其中的佼佼者。

在界面方面，Google 日历和其他在线日历基本相似。如图 5.3 所示，左边侧是一个传统的壁挂式日历的在线版，右边侧则是用户的活动安排情况，可以通过日、周、月或日程的方式来查看活动安排情况。值得一提的

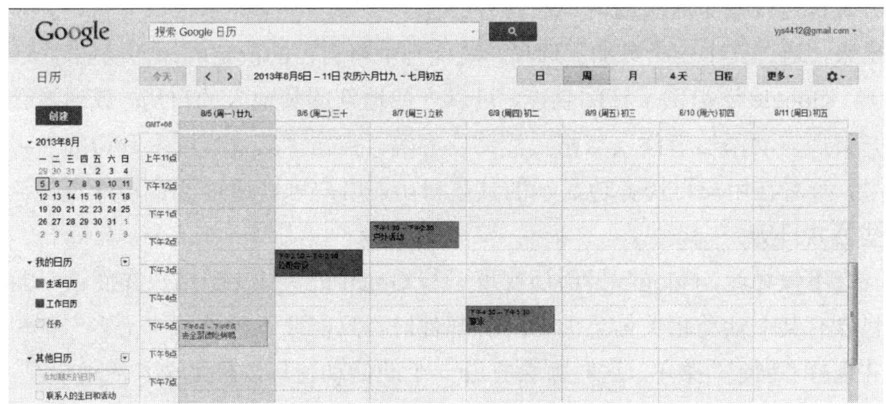

图 5.3　Google 日历的用户界面

是，Google 日历允许用户创建多个日历。用户可以根据用途和类型的不同来创建多个日历，不同的日历中用不同的颜色显示。同时查看的时候也可以根据需要选择是否显示。如图 5.3 中就是用不同的颜色区分工作日历和生活日历。

在 Google 日历中创建一个活动很简单，只需要直接在要新建活动的时间段上单击，就可以快速添加新的活动。当然，也可以点击界面左上方的“创建”按钮，来创建一个详细的日程。而等时间一到，Google 日历便会以 IE 提示框的形式发出提醒。如果用户想要将某一个活动的日期调整到其他时间段，在 Google 日历中不必费力地删除记录再重新新建一个活动，只需将要移动的活动选中，然后通过鼠标拖曳快速调整到另一个时间段即可。

Google 日历邀请则是它的一大特点。点击“创建”按钮建立了一条新日程，或者在已有日程上点击“修改活动详细信息”链接之后，便能在窗口右侧看到一个“添加来宾”输入框，这便是 Google 日历的日程邀请功能。其实，这个功能的使用还是比较简单的，只要将被邀请人的电子邮件地址先输入到这个选框中，然后点击保存按钮，再从弹出的提示框中执行“发送”功能，就可以成功地将这份邀请发送出去。而与此同时，日程标签上也显示出一个联系人图标，用来与普通日程加以区别。而当被邀请人登录到自己的 Google 日历上时，这份邀请日程也会自动出现在他的日程表中。同时，在日程图标上还会显示出一个大大的问号，表明被邀请人还没有确认是否接受这次邀请。在问号日程上点击，一个提示窗口便自动弹了出来，通过其中的“参加”选项，就能马上将自己的决定告知活动创建人。

Google 还提供了订阅功能，可以方便地订阅其他人的日历，或通过公开日历自动添加节假日与相关活动内容等。点击“其他日历”旁边的“+”号，查看在用户日历旁边显示的共享日历。用户可以通过搜索功能查找这些公共日历。

不仅如此，Google 日历还实现了与 Gmail 的集成。当用户在阅读一封包含有某个活动相关信息的 Gmail 邮件时，只需要下拉选择“更多”菜单并选择“创建”菜单。这时就会打开一个新活动窗口，在此输入活动信息，点击保存修改，这样活动就被添加到 Google 日历中了。

2. 雅虎日历

和 Google 日历竞争之一的对手就是雅虎日历了。雅虎日历的外观和使用起来的感觉与 Google 日历非常相像。现在的雅虎日历也叫做 Yahoo 效率手册，雅虎将它作为一项附属功能集成到了雅虎邮箱中。当用户登录到雅虎邮箱的时候就可以看到它。当用户输入完账号名与密码之后，呈现在大家眼前的就是一个当天日程表。从上面也可以看到，这款 Yahoo 效率手册仿佛就是专为职场人士设计的，默认时间正好是从早上 8 点到下午 18 点。当然，您也可以点击菜单选项中的“操作选项”按钮，让 Yahoo 显示出更多的时间刻度来适应自己的工作。在 Yahoo 效率手册中，可以添加两种日程记录——“待办事项”和“活动”。其中，“待办事项”侧重于管理某件事情的进度，而“活动”则主要起到一个事前提醒的作用。这两种日程的添加都很简单，只要将页面翻到最下方就能看到相关的按钮。直接在日程表中点击某一时间刻度，也可为该时间快速添加一个“活动”。

图 5.4 所示为雅虎日历的用户界面。

图 5.4　雅虎日历的用户界面

当然，如果用户只是想让 Yahoo 像闹钟一样，在某个时间到来之前给自己发份提醒，使用上面这些功能就显得太麻烦。其实，更简单的一个方法就是通过页面下方的“快速添加”栏直接添加一个闹钟提醒。对于 Yahoo 效率手册来说，它的最大特点莫过于支持多种日程提醒方式。其实，要启动 Yahoo 的日程提醒功能还是挺容易的。首先点击“添加活动”按钮创建一个新日程；然后根据自己的实际要求填写好日程中的各项；随后将页面下翻，展开一个名为“提醒功能”的面板，在这里，可以为这项日程设定两组不同的提醒时间，同时也可以根据自己的喜好选择一种或多种提醒方式；最后点击“保存”即可。

由于Google日历中的邀请功能简单易用，在2012年8月1日雅虎推出的新版雅虎日历中也集成了类似的功能。用户可以直接在雅虎邮箱中回复“出席/不参加/也许”给活动组织者，添加评论并添加到自己的雅虎日历中的事件。当用户打开一个已经被更新或取消的邀请时，会看到一个提示，告诉“此日程已经过期”或“此日程已被取消”。雅虎日历邀请功能适用性广泛，发送者可以使用Google日历、Outlook、Windows Live Calendar以及雅虎日历中任一个日历。

5.3　给密码请管家

对于身处互联网时代的我们，上网冲浪已经成为我们生活的一部分，我们每天要接触形形色色的网站。在享受各大网站带给我们便利的同时，我们也遇上了麻烦，为了进一步地享受网站上的信息和服务，大多数网站都会要求我们注册一个用户账号。当网络上的账号越来越多时，就会出现用户记不住账号的情况。于是乎，大多数用户只好在各大网站上使用同样的用户名和登录密码。这样记住账号自然是不难，但是，这也带来了极大的安全隐患，一旦其中一个网站的账户密码被泄露，这样用户在互联网上所有的信息也就相当于公布于世了。2011年在CSDN网站就出现600多万用户资料被黑客泄漏出来，继此之后，人人网、多玩、猫扑、7K7K、178等也被曝用户密码被泄露。因此，如何管理这些网络密码对我们来说非常重要。

因此，密码管理工具软件应运而生，它可以自动帮助用户生成、记录并输入密码。现在主流的密码管理软件有LastPass、KeePass、1Password，它们就像一个密码保险箱，无论用户的密码再多再复杂，都可安全地储存，前提是你得记住打开这个保险箱的密码。

1. 最后一个密码(LastPass)

LassPass的使用很简单，它是以浏览器插件的方式存在于用户的客户

端。不用担心使用哪种浏览器，现在的主流浏览器如 IE、Firefox、Opera、谷歌浏览器、Safari 浏览器、iPhone、Opera Mini、LassPass 都提供支持，用户只需要从它的官方网站下载相应软件包并安装就可以。安装完成后可以看到浏览器中多了一个 LassPass 的图标，点击这个图标，用户就可登录自己的 LassPass 账户。

图 5.5 所示为 LassPass 账户登录界面。

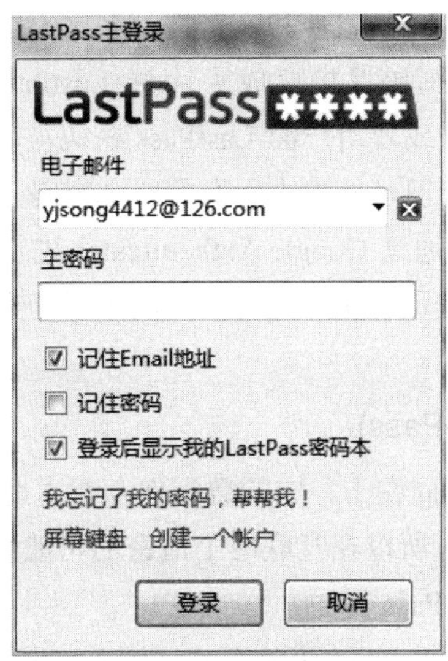

图 5.5　浏览器插件中 LassPass 账户登录界面

LassPass 的意思就是最后一个密码，也就是“以后用户就需要记住一个密码就可以了”。这个密码就是 LassPass 服务的登录密码，这个主密码非常重要，建议用户使用复杂的强密码，为了保证数据安全，最好不要让 LassPass 自己记住 LassPass 服务的主密码。至于其他密码，LassPass 会替你记住，并在你需要的时候自动为你填写。值得一提的是 LassPass 在安装过程中会扫描用户浏览器中的记录的不安全信息(用户让浏览器记住的账号和密码)，LassPass 可以将这些信息导入，并在完成之后提示用户删除。

当用户在注册一个新的网站时，LassPass 都会弹出一个生成密码的选项，用户可以让 LassPass 自动为我们生成复杂的强密码，并且用户也不需要去记住这一长串的难记的密码，交给 LassPass 记住就好。最让用户舒心的自然是 LassPass 的自动填表功能，在用户需要登录某个网站时，LassPass

会自动把用户的账户名和密码填好，用户无需再敲打键盘输入密码，只需一次轻点鼠标就可以轻松无缝地登录到网站。LassPass 支持多种终端，用户同时能在 PC 端、MAC 和移动设备上使用存储在云端的数据。不仅仅是用户的密码信息，LassPass 可以安全地储存其他形式的数据，LassPass 的安全笔记功能可以帮助用户把“任何”机密的文本数据在 LassPass 的密码库中安全存放。

LastPass 的兼容性、易用性和安全性都非常不错，但是由于 LastPass 将密码保存在网上，密码保护变成了针对 LastPass 的密码保护，如果 LastPass 网站有漏洞，或者用户的 LastPass 密码被攻破，LastPass 的密码保护就会失效，用户依旧可能失去所有的明文密码。因此 LassPass 还加入第三方认证，用户可以通过 Google Authenticator 进行身份验证。绑定之后，即使用户的 LastPass 密码被盗，没有用户的手机和密保邮箱，黑客也无法登录 LastPass 网站。

2. 密码管家(KeePass)

KeePass 最大的不同在于，它的数据保存在本地，而不像 LastPass 那样将密码保存在云端，所以在互联网上泄密的可能性不大。

图 5.6 所示为 KeePass 界面。

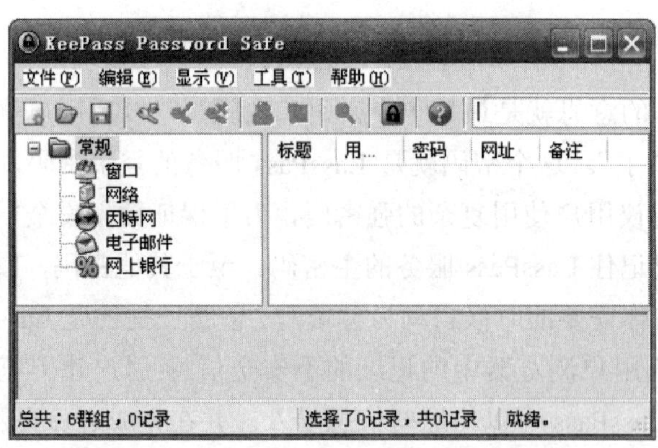

图 5.6　KeePass 主界面

使用该软件的第一步就是建立一个新的密码数据库，KeePass 将会把你的所有密码存储在这个数据库中。

在 KeePass 中新建密码数据库的方法如下：

单击菜单上的“文件”→“新建”选项，在弹出的窗口中填入数据库管理密码，或同时勾上“同时使用密码和密钥文件”，并选择密钥的保存位置。这样将来在开启数据库时就要“主密码”和“密钥文件”同时具备才行。输入完毕后点击“确定”。确认后便会出现“产生密钥所需随机数据”窗口。在“取得随机数据”窗口中，点击“使用鼠标作为随机数据来源”按钮，并随之移动鼠标，当下面的进度条结束时再按“确定”按钮。也可以用右边的“随机键盘输入”。

在图5.6所示主窗口中，位于左边的是密码群组，默认下有6个群组，即“常规”下包含5个方面的群组，这也是我们日常会设置密码的领域。各个群组又可建立子群组或记录，也可创建新的群组。在图5.6界面的右边是你的密码记录。密码记录收纳于不同的密码群组中。可以使用KeePass默认的密码群组，或删除它们创建自己的密码组。比如选中“窗口”，点击右键菜单中“添加子群组”创建一个“工作日志”，创建了工作日志后就可以往里添加“记录”了。

在KeePass中添加记录的方法如下：

右建右边的区域，选择“添加记录”，在弹出的窗口中输入标题、用户名、密码等项目，如果不需要其中的一些域，可以留空白，全部完成后单击“确定”按钮，这时将会在主窗口右边的子窗口中看到刚才新增的密码条目。

在创建每一个记录时，如果自己想不出一组安全的密码，还可以交给KeePass来帮我们处理。KeePass提供的“密码产生器”能够帮助我们建立一组别人不易猜透的密码。点击“密码”右侧的“生成”按钮，调出“密码生成器”属性框，确定密码可以由大小写字母、数字、空格等哪些成员构成，然后，点击“生成”按钮即可自动生成随机密码。随时通过点击“***”按钮将密码明文显示，清楚的看到由生成器所产生的字符串。

3. 1Password

1Password来源自苹果系统，因此，它有着和苹果产品一样的漂亮用户界面。当然现在1Password不仅支持苹果的iPhone/iPad/MacOS系统，在Windows和Android系统也能使用。1Password可以分为密码管理器和浏览器扩展两个部分。

图 5.7 所示为 1Password 登录后界面。

图 5.7　1Password 登录界面

在 1Password 中，我们可以方便保存各类信息，如基础的网页登录信息、身份信息，如同 LassPass 一样，用 1Password 同样可也保存任何用户需要加密的文本信息，同时还可以管理诸如软件注册码、银行卡、信用卡类、各种账户(如 FTP 账号、iTunes 账号)等信息。另外，它还允许添加文件作为附件，也支持添加 Tags 进行分类管理，最赞的是，它完美支持中文搜索。

如果用户是第一次使用 1Password，在 1Password 的启动界面会要求用户新建一个数据文件，以后用户的密码数据都会保存在这个数据文件里面。在新建好数据文件之后，接着需要为 1Password 设置主密码，这个密码和 LassPass 中的主密码一样非常重要，用户要设置足够强大的密码并牢记它。设置主密码之后，你就已经成功建立一个数据文件了，虽然这个数据文件里还没有保存你的任何资料。当以后使用时，输入主密码之后就可以查看数据文件中的资源(包括你给其他网站设置的密码都会在这里面)。

1Password 中的数据通过 128 位的 AES 加密算法保存在本地，基本上无暴力破解的可能。同时，这些数据也可以同步到苹果提供的云端之中，当然用户也可以选择不同步。在浏览器扩展方面，1Password 和 LastPass 一样广泛支持各类主流浏览器。安装好 1Password 之后，只要访问需要登

录的网站，它就提示你保存网页密码到 1Password 里面，下次任何时候再次登录，你只需按一下浏览器上的 1Password 按钮就能一键登录，完全不用自己操心。

总体来说，1Password 提供的功能已经非常全面，基本上能涵盖日常生活中需要记录的所有需求。但是 1Password 并不提供免费账户使用，单用户授权就分别高达 29.9 美金。不过用户可以有 30 天的免费试用时间。

然而对大多数用户而言，真正的问题在于，把密码交给这些应用来处理是否安全。对于这些密码管理软件来说，密码都是按照加密算法加密之后存储下来的，一般是具有安全性的。打个比方，你将密码都写在本子上，但写的是密文，别人就算拿到了本子也看不懂。因此，对于个人而言，只要软件不被挂马或存在漏洞，密码管理软件理论上是安全的。但是托管密码管理服务的网站仍然是存在泄密的风险。用密码管理软件保存一般网络服务的密码是很不错的，但是对于重要的密码如 QQ、支付宝、淘宝、网银还是得靠大脑，我们的信息保护不能光指望别人，用户自己也得加一扇“防盗门”，积极保护个人隐私。

5.4　管理好你的联系人

生活在当下，众多的社会关系是必不可少的。联系人管理通常就是将我们朋友、家人或其他社会关系人员的信息存储起来，在需要的时候查找出来。 在没有计算机之前，我们通常将这些信息存储在一本叫做“通讯簿”的本子上，计算机出现后，也许你将这些信息存放在 Windows 通讯簿中，或者在 Outlook 中。总之，这时候的联系人信息存储在你的计算机的某个文件之中。这样做当然没什么不对，只不过当你不在特定的那台计算机旁边时，就不能够方便的查找这些信息。现在，我们可以把这些信息放在云中，不再是个人的联系人信息放在家中的电脑或工作上的联系人信息存储在公司的电脑中，而是所有的联系人信息都存放在云中，无论你是在家中或是工作单位，都可以通过任何一台电脑连接到因特网里访问这些信息。

对于公司而言，联系人管理不仅仅是存储一些人的信息这么简单，存储这些信息的同时还要为之建立一系列自动化流程，以帮助维持公司和客户之间的关系，这个也被称之为客户关系管理CRM。

1. QQ通讯录

一个优秀的手机通讯录可以使用户从繁杂事物中解脱出来，轻松实现联系人的调用。在移动通讯时代，一款好的跨平台通讯录可以提高你的效率，让工作与生活无障碍，沟通联系变得简单轻松。

QQ通讯录是腾讯推出的一款基于云平台的联系人管理软件。QQ通讯录可以在所有主流的智能手机操作系统访问，在PC端，可以通过浏览器在线访问QQ通讯录的服务。

QQ通讯录可以直接导入腾讯地址本、Windows通讯簿和Outlook中的联系人信息。对于软件创建的联系人信息，用户可以通过将原来的软件转换成.csv、.vcf或.wab文件导出，再通过QQ通讯录的手动导入功能导入进来。如果对方是QQ好友，用户直接将其添加到QQ通讯录中；对于非QQ好友，我们可以点击"添加联系人"按钮进行手动添加。QQ通讯录可以方便地将手机上的联系人和网络上的联系人进行同步，后台会根据最后修改情况进行智能同步，保持两端一致。用户也可以选择"单向上传到网络"或"单向下载网络"备份自己的通讯录。

QQ通讯录可以支持分组，以方便查找。创建分组的方法如下：用右键单击"通讯录"窗口，选择"分组管理"选项，点击"新建分组"按钮。选中已有分组，点击"选择联系人"按钮即可将联系人添加到该分组中。以后在"通讯录"窗口中的"分组"框选择分组名即可快速浏览该分组中的联系人了。

通讯录必然涉及一些隐私，我们可以设置登录密码以保障其安全，具体方法如下：点击"通讯录"窗口右上角的"其他选项"按钮，选择"工具/密码设置"选项，勾选"使用通讯录密码"选框，输入密码后清空"记住密码并自动登录"选框，点击"确认"按钮。

在QQ通讯录中除了可以快速查看联系人资料外，还可以快速给对方发送电子邮件、手机短信和QQ信息。根据添加的联系人资料，QQ通讯录会自动为该联系人增加电子邮件、手机和QQ按钮。点击按钮即可打开

系统默认的电子邮箱软件手机短信通和 QQ 聊天窗口，这样就可以快速执行相应的操作。

用手机交换联系资料的方法：右键单击某个联系人，选择“发送此人资料到手机”选项，会打开“选择短信接收人”窗口，在“键入 QQ/手机号或从列表中选择”框中输入手机号码，点击“确定”按钮，这样即可将该联系人资料用手机短信的方式发送给别人了(每条 0.15Q 币)。

如果要发送自己的联系资料，点击“通讯录”窗口的“其他选项”，选择“工具/我的详细资料”选项，在“我的通讯录”窗口中点击“编辑”按钮可以详细设置自己的通讯录资料。点击右下角的“发送我的资料给手机联系人”选项，就可以通过手机短信将自己的联系资料发送给别人了。QQ 通讯录中的资料是通过安全的加密方法保存在服务器上的，当我们在另一台电脑上登录 QQ 时，会自动下载通讯录的内容，这样就不会因为重装系统或者磁盘问题导致资料丢失了。

QQ 还提供了一个“信息助理”工具来增强通讯录的管理操作，具体方法如下：点击“其他选项”按钮，选择“工具/打开信息助理”选项，即可弹出“信息助理”窗口 (第一次使用时需要进行在线安装)。“信息助理”界面和 Outlook 有几分相似，其功能强大，查看方式也多种多样，各种联系人信息可谓一目了然。

2. 点心通讯录

和 QQ 通讯录类似，点心通讯录也是通讯增强产品，主要用于联系人的管理，同时作为李开复博士创办的创新工场孵化的首个公司“点心”的产品，点心通讯录的实用性颇高，它整合了智能拨号、精准联系人搜索、创意名片交换等功能，能帮助用户管理联系人、提高沟通效率。除了基本的通讯功能外，准确快速的联系人搜索、简洁的操作界面、流畅的滑动体验以及特有的交换名片功能都是这款应用的优势亮点。

点心通讯录支持安全性高的云备份，在“全部设置”选项中登录/注册的点心用户将可以全面地体验点心云端的服务。备份和恢复功能可以将手机通讯录中的内容与网络内容相互同步，确保你的通讯录轻松备份并且不会丢失。搭配点心盒使用，登录点心盒官方站 www.dianxinhe.com，你在电脑上也可以自如地收发短信。点心通讯录的操作界面清新、简洁流畅。

点心通讯录能自动导入原生通讯录[①]的联系人，有着与原生标准格式兼容的联系人新建、删除和编辑功能。除此之外，点心通讯录可以即时地显示联系人号码归属地，对于来自某一地区的骚扰电话大家可以当即作出判断和区别，不用担心误接骚扰电话造成多余困扰。

点心通讯录拥有强大的智能搜索功能，可以用数据概括，例如当联系人列表为 10000 人时，平均检索时间仅需 0.01 秒。点心通讯录还支持 17 种匹配算法，在实际的使用中，这种出色的快速检索功能将会在你最需要的时候帮到你，做事也能事半功倍。

除了精准定位的智能联系人之外，点心通讯录的"摇摇分享名片"功能同样给力。在手机处于联网状态时，只需"摇摇"+"点击保存"两个动作就可以完成对方名片的存储，实用便捷的特点显而易见。在移动互联时代，快速精准找到联系人、摇一摇就能交换名片的点心通讯录，可以让手机的基础功能变成一种享受！

3. Salesforce.com

Salesforce 的创办核心理念就是"No Software"(消灭软件)，它在客户关系管理领域处于行业领先的地位。Salesforce 提供了多种平台的云服务，其中 Salesforce.com 是基础的软件即服务(SaaS)的应用，包含了销售、客户服务及其他等多种用途；Force.com 平台是平台即服务(PaaS)下的产品，它允许开发人员创建和提供任何种类的业务应用程序，完全按需服务，并且不用下载任何客户端软件；Force.com AppExchange 是一项随需应用程序共享服务，拥有数百个应用程序，完全由 Salesforce.com 客户、开发人员和合作伙伴创建。多数应用程序为免费提供，并且已全部预集成到 Salesforce 中，方便您轻松、高效地添加功能。Salesforce.com 还提供一整套服务、计划和最佳实践，以帮助客户在 Salesforce.com 社区中获得需要的售后服务。

Salesforce.com 提供的服务非常之多。例如销售自动化，其中包括了活动管理、渠道和营业地区管理、预测、手机访问、电子邮件等服务，还

① 原生通讯录指的是 Android 系统自带的通讯录格式下的应用，通常第三方软件为了更好地兼容其他通讯录都会选择能够导入与导出的原生通讯录中的数据。

有能够帮助企业提高销售效率、增加收入的实时分析等。在服务和技术方面，Salesforce.com 提供了一个面向企业呼叫的客户服务解决方案。“合作伙伴”是 Salesforce.com 中一个合作伙伴关系管理应用，而“市场营销”包括用于执行、管理和分析多渠道营销活动成果的多个工具等服务。Salesforce 提供的服务种类繁杂，很难系统的做一个介绍。以销售自动化中“活动管理”为例，“活动管理”的应用中提供了活动的“跟踪”和“协作”，Salesforce.com 可以通过跟踪用户正在进行的活动安排联合会议，或者为经常出现的任务安排自动模板；“活动日程安排”中包括为共享资源发布日历以及设置预约提醒的功能；另外还有销售活动进展情况的一个实时报告。在 CRM 管理中团队的协作是不可或缺的，团队管理功能为大量的顾客分配和管理一个团队，为每个团队成员指定一个具体的角色。所有这些任务都可以帮助处理销售人员与销售经理和客户之间的复杂关系。

Salesforce 之所以受欢迎还因为它直观、友好的用户界面，采用了与人们常用网站和应用程序类似的设计风格。新的协作与协同办公功能帮用户轻松掌握工作进度，就像在 Facebook 上跟家人与好友交流一样简单。Salesforce 帮助您让每个人都了解最新情况，使用户可以集中精力处理当前的业务。

5.5　云操作系统

在 Web 技术发展后，人们对互联网的依赖就越来越强，也越来越看重轻松、智能化的生活方式。从传统的操作系统安装及更新软件，到不同机器之间数据的同步，再到现在都得到了很大的改观，这就是云端的操作系统。用户可以通过 Web 浏览器来查看操作系统，也可以快速启动主操作系统在云端进行数据的更新分享以及上传等操作。云操作系统最大的特色是集成了云服务，可以让用户在 PC 端和移动设备端将音乐、视频、图片等文件进行同步，也可以在云端进行搜索并分享新鲜事，通过分享可以与自己的朋友、家人等进行很好的互动。云操作系统不需要任何硬件或者软件的维护，只需能上网就可以在浏览器中进行登录。对于用户而言，安装一个软件就像在餐馆中点一道菜一样简单，点击一个链接软件就安装在你的系统上。实际上，对于系统而言，它并不需要在云端为你的系统特别安装这个软件，它只需记住你需要这个服务就可以。总之，云操作系统可以让用户轻松体验到云带来的乐趣。

下面我们为读者介绍几款云端的操作系统。

1. Zimdesk

Zimdesk 界面干净整洁，简约的风格和 Mac OS 颇有几分相似之处，在功能的处理上并没有传统的 PC 端操作系统强大，只能满足普通的文本编辑和影音播放等功能。云操作系统最大的特点就是让你在不同的设备上都可以实现资源的同步更新，让你充分享受到云端工作的乐趣所在，在云端办公可以实现简单的文本编辑和音频播放功能，也可以在云端下载应用程序。

图 5.8 所示为 Zimdesk 的桌面。

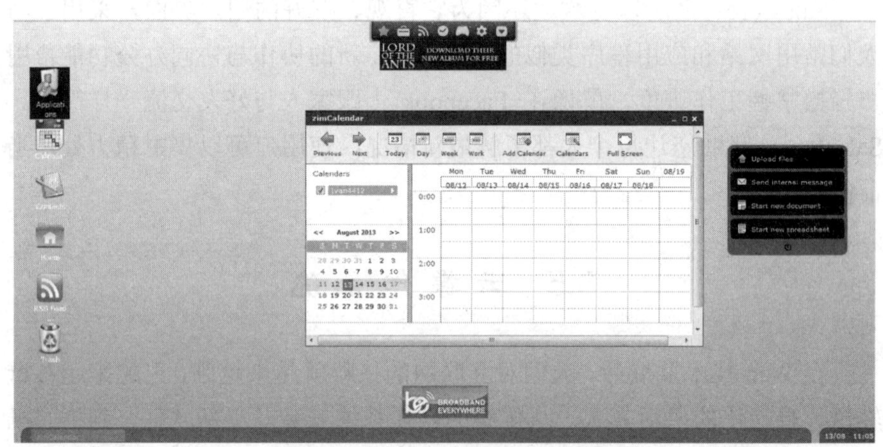

图 5.8　Zimdesk 的桌面

经过简单的注册之后就可以使用 Zimdesk。Zimdesk 提供了应用中心，方便用户自己添加应用程序。Zimdesk 提供的应用非常之多，从办公应用到多媒体应用，从文件管理到网络电视，又或者从 RSS 订阅到聊天工具，功能可谓是很好、很强大。尽管 Zimdesk 更像是一款云端应用中心，但是仍然有类似 Windows 资源管理器可以存储文件夹和文档的地方，用户可以将一些文档存储到云端，让你不管是在家还是在公司都可以享受到文件的同步，这样的无缝连接也是云计算带给人们对信息最直观的改变。Zimdesk

不仅提供了资源管理器还提供了所有文档管理的功能，用户可以通过 Zimdesk 更加直观的感受到云操作系统带给人们的更完善的用户体验，通过这个管理器可以查看 Zimdesk 中所有的文档和应用程序的情况。另外 Zimdesk 也非常适合用于办公，Zimdesk 提供了一款类似 Office 的文本编辑器，用户可以在编辑器中编辑文本。文本编辑器还提供了上传文档的功能，用户也可以在云端进行将文档上传或者下载的操作。Zimdesk 还提供了最常用的日期提供功能，让用户在云端也能享受到会议提醒的便捷性。Zimdesk 界面的上端显示了丰富的应用程序信息，用户可以通过这些信息进行操作。Zimdesk 简单易操作，适合出差办公，或者上班族移动办公使用。

Zimdesk 不只是一款云端软件，也是一个开发工具，其自带的 XML 再结合复杂的 API 编码就可以设置基本输入和属性的 GUI，也让访问变得更简单。

2. eyeOS

eyeOS 是一款 Web 桌面环境，俗称 Web Operating System (Web OS)或者 Web Office。

图 5.9 所示为 eyeOS 的桌面。

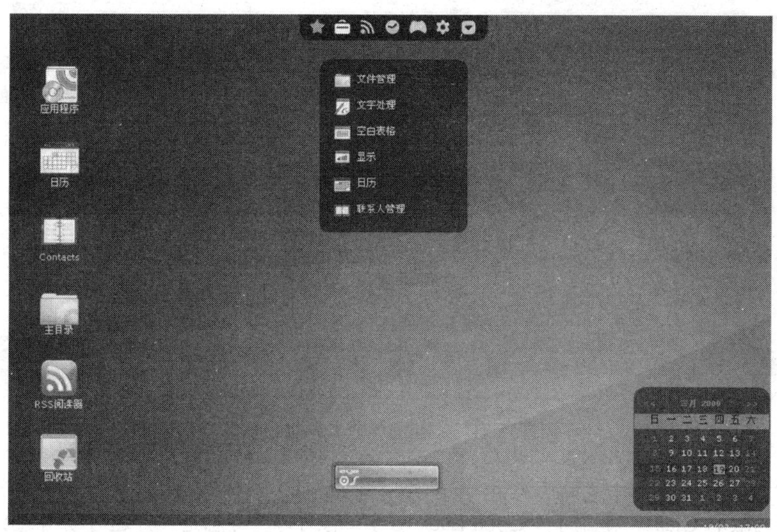

图 5.9　eyeOS 的桌面

eyeOS 是一个基于插件扩展，并由世界各地的开源社区共同维护的 Web OS。它默认自带了日历、计算器、地址本、RSS 阅读器、文字处理器、FTP 客户端、浏览器、服务器内部消息、多款游戏、聊天室以及其他若干程序，用户可以下载并安装丰富的插件，可以更改 eyeOS 皮肤(eyeTheme)。eyeOS 支持多国语系，对中文完美支持，其中文语系(包括插件汉化)由 eyeOS 中文官方社区制作维护。eyeOS 代码使用 php5 开发，数据库采用 mysql，是完全开源的在线操作系统，源代码可以到官方网站上下载，运行服务器采用 apache。

3. Gleasy

Gleasy 又名格畅科技①，是一家中国 IT 公司，全称杭州格畅科技有限公司。Gleasy 一站式云办公平台是该企业旗下主要产品之一。Gleasy 一站式云办公平台集成了多款基于云应用的产品。通过 Gleasy 平台可将各类在线应用有机地联系起来，用户通过浏览器或客户端即可注册并登录，就可以使用 Gleasy 的云办公服务。

图 5.10 所示为 Gleasy 个人版界面。

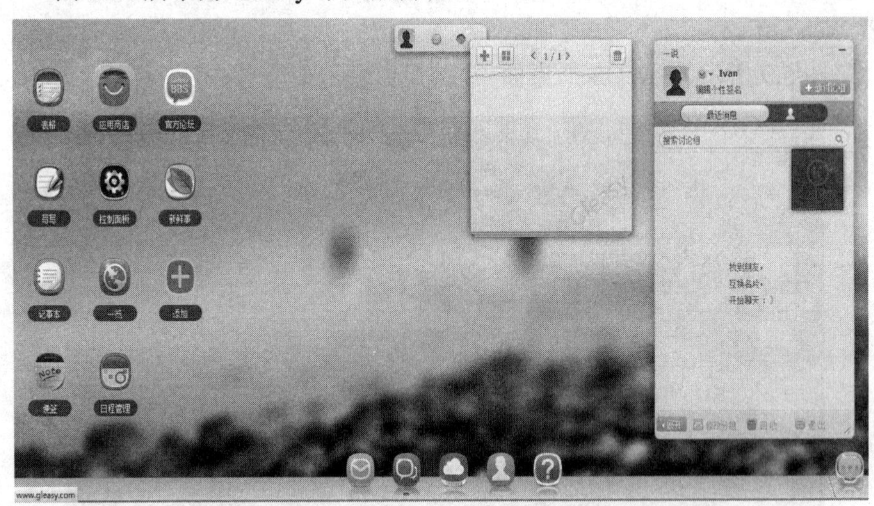

图 5.10　Gleasy 个人版界面

① 公司取名 Gleasy 是用了“Good Luck easy”的缩写，意思是“好运容易”，也是对公司发展前景的祝愿。

Gleasy 一站式云办公平台的主要产品包括：

• Gleasy 联系人：这是一款在线管理联系人信息、分享动态的互联网应用。用户不仅可以以名片的形式存储我们的信息，而且还可以搜索好友，添加管理好友，构筑用户的社会关系。

• Gleasy 一盘：集文件存储、文件管理和文件分享为一体的互联网应用。用户可以轻松把自己的文件上传到一盘中，并可以跨终端地随时随地查看、编辑、分享、下载等。

• Gleasy 一说：一款讨论组交流为主的即时通讯应用。用户只要拥有 Gleasy 账号，就能随时随地与人在线即时聊天，创建讨论组等，永久保存聊天记录。

• Gleasy 一信：一款拥有邮件、任务、活动、投票、审批等统一信件收/发的互联网应用。一信是以相同主题展现的形式。一信不仅拥有邮箱的所有功能，而且还整合 OA 服务，是一款超越邮箱的办公利器。

• 其他辅助工具：Gleasy 写写，一款实现在线办公文档阅读与协作编辑的应用；图片查看器，支持各种格式的图片在线查看；Gleasy 记事本，支持纯文本文档的在线查看、编辑；Gleasy 读读，支持 PDF 格式的文件在线查看；Gleasy 便签，支持日常工作生活中信息的在线查看、编辑；Gleasy 表格，支持表格文件在线查看、协同编辑等。

Gleasy 应用商店：引入第三方应用，有免费和收费应用供用户选择。

Gleasy 开放的 API 库：Gleasy 开放平台是广大开发者提供的一个大舞台。开发者可以利用我们提供的各种 OpenAPI 开发云应用。

对于企业用户来说，Gleasy 平台的各种云应用和产品服务，包括企业邮箱、OA 系统、项目管理软件、CRM、即时通讯工具、公司网络硬盘、在线 Office 等有很大的易用性，在同一个平台里使用这些云应用，统一的操作流程让这些产品的学习和使用成本变低，统一平台也方便沟通和共享。

5.6　趣味生活——好玩、有趣的云应用

1. Manymo：Android 在线模拟器

对于开发者而言，令他们头疼的问题之一就是要为他们的开发搭建一

系列的开发和测试环境。对于 Android 开发者，他们的应用要适合不同的屏幕尺寸和分辨率的设备。现在有一款在线的 Android 模拟器，开发者们可通过网络使用它而不必真正拥有各种 Android 设备。Manymo 是一款轻量级 Android 在线模拟器，用户可以在线体验 Android 各种功能，而且可以用来做为开发测试专用，完全没有缩水。用户可以设置各种尺寸的模拟器分辨率，分辨率最大支持 1280×800，最低为 240×320。利用 Manymo，开发者不需要使用高性能的电脑来测试 Android 应用，一切都可以通过浏览器在任何机器上完成。Manymo 甚至可以在 Google 的 Chromebook 上运行，开发者还可以通过浏览器远程测试他们的应用。任何想要使用 Manymo 来测试和开发应用的用户必须注册一个 Manymo 的账号，目前注册是免费的。

Manymo 的使用地址：http://www.manymo.com/。

2．免费在线屏幕录像云软件：Screenr

Screenr 是国外一款免费在线屏幕录像云软件，可以免费在线录制 5 分钟的电脑屏幕视频，Screenr 基于 Web 浏览器运行，但需要 Java 虚拟机的支持。如果没有安装 Java 虚拟机是无法运行的，网站会提示你下载 Java 虚拟机。Screenr 录制的视频质量很高，完全支持 HD 全屏高清模式。

Screenr 录制完成视频后，用户可以一键分享到 Facebook、Twitter、Google、Yahoo 等网站，同时也可以将视频嵌入到博客或者网站中，也可以将视频下载以便编辑使用。Screenr 免费版本可录制视频为 5 分钟，PRO 版本无限制。最后值得一提的是，经 Screenr 录制的视频质量相当的高，提供了 HD 的高清模式，可全屏观赏。

Screenr 的使用地址：http://www.screenr.com/。

3．Multiplayer Piano：有趣的多人在线演奏钢琴

Multiplayer Piano 是一个非常有趣的多人在线钢琴合奏游戏。无需注册，采用 HTML5 技术，游戏过程很流畅。用户可以进入一个在线房间多人合奏一曲钢琴，也可以自己新建一个房间然后邀请你的朋友一起在线发挥你们的音乐细胞！

首先打开 Multiplayer Piano 网站，然后在左下角选择一个房间(默认是随机进入一个房间)，然后你可以用鼠标来弹奏，也可以使用键盘来弹奏。

在界面右下角会显示和你一起在线弹奏钢琴的网友是哪个国家的，当你弹奏完后，让给下一位要弹奏的网页，整个游戏便互动起来了。

Multiplayer Piano 的使用地址：http://www.multiplayerpiano.com/。

4．BrowserStack：在线测试网站浏览器兼容云应用

BrowserStack 在线测试云应用目前支持 Windows、Mac OS 系统平台，支持 IE 浏览器、火狐浏览器、Safari 浏览器、Chrome 浏览器、Opera 浏览器等主流浏览器测试，测试分辨率最高支持 1280 × 1024 像素。

BrowserStack 并不是完全免费，免费用户只有 30 分钟的使用时间限制，而且需要注册，注册方法也简单：打开网站，点击“Sign Up Free”进入注册页面，按显示要求执行注册的步骤。

BrowserStack 的使用地址：http://www.browserstack.com/。

5．Google Art Project：在线博物馆

现实中我们可能没有足够的时间去到全世界著名博物馆观看每一件大名鼎鼎的艺术作品，但是现在通过谷歌在线艺术项目，我们无需出行计划、无需花费门票就可以在线观看这些著名艺术作品。值得一提的是，全景体验使用了谷歌街景，效果不逊于实地参观。

Google Art Project[①]是由谷歌推出的一个独特在线艺术项目，与全球 40 多个国家 151 个著名艺术馆合作。该项目通过全景 360 度虚拟技术和高清技术，展示著名艺术博物馆以及各艺术家总计 3.2 万件艺术作品，艺术作品还在不断增加中。

中文切换方法，打开网站后点击网页底部的“English”选项，在弹出的选项中选择“简体中文”就可以了！

Google Art Project 的使用地址：http://www.googleartproject.com/。

6．Awwapp：免费云端在线涂鸦画板

Awwapp 是一个基于 HTML5 技术构建的云端在线涂鸦板，完全免费，而且界面非常简单。Awwapp 整个界面左边只有三个菜单按钮，分别提供

① 谷歌于 2012 年 4 月宣布在全球开展谷歌“艺术计划”(Art Project)，其实 Google Art Project 在 2011 年 2 月就已经开始推出了。

了七种可选颜色，三种大小的画板以及橡皮擦，操作非常方便，任何人都可以轻松上手。

Awwapp 不仅仅支持 Web 云端，而且还支持 iPhone、Android 手机以及平板电脑灯跨平台访问在线涂鸦画板。

Awwapp 的使用也非常简单：首先打开网站，然后点击“Start drawing”进入在线涂鸦画板，接下来就可以尽情地涂鸦了，如果不满意涂鸦结果可以选择“Menu”→“Clear”进行清除。涂鸦好后就可以将涂鸦分享给你的朋友了，也可以点击“Menu”→“Save”保存为 PNG 格式图片。

Awwapp 使用地址：http://www.awwapp.com/。

7．Everpix：显示历史上的今天照片

Everpix 是一个在线照片聚合平台，可以将你在 Facebook、Twitter、Instagram、Flickr、Picasa Web Albums 的照片聚合在一起，通过 Flashback 功能，显示你照片中的历史上的今天。目前 Everpix 支持 Win/Mac、iOS 及 Web 平台。曾经有个叫 Memolane 的网站，能把用户在网络上的信息收集起来做成时间线，然后在将来的某个时刻通过邮件发给你。看到过去的某张照片，突然发觉这才是摄影的意义，回忆、记录，让你的照片不要在硬盘里生锈。Everpix 为免费用户提供 12 个月的照片浏览期，也就是说你只能看到 12 个月以内的照片；安装电脑客户端并上传 1000 张照片；延长 6 个月；安装 iOS app，延长 6 个月；分享照片给好友，延长 3 个月，总共 27 个月。如果推荐好友加入还可以双方都获得 6 个月的额外奖励。土豪们可以付费享受无限期。

用户可以通过 Scavin 的推荐链接注册，双方各加 6 个月(需要注册并安装电脑客户端以及开始同步照片)，或者把链接后面的尾巴去掉注册。

Tips：通过各种同步、IFTTT，就能支持很多站点，把其他地方的照片也同步过来，比如执行“Path”→“Instagram”→“Everpix”等。

Everpix 使用地址：http://evrpx.co/invite?r=scavina%40gmail.com。

8．VirusTotal：免费在线杀毒云软件

VirusTotal 是国外一家提供免费在线杀毒服务的云软件，2004 年 6 月由创始人 Hispasec Sistemas 创立。VirusTotal 通过多种反病毒引擎扫描文

件，使用多种反病毒引擎对你所上传的文件进行检测，以判断文件是否被病毒、蠕虫、木马以及各类恶意软件感染。VirusTotal 无需注册无需安装，打开浏览器就可以使用，所有的一切全部依靠浏览器完成！

VirusTotal 会完全扫描你的移动设备上安装的所有程序。如果这款应用程序已经被 VirusTotal 扫描过或者被一个以上的病毒软件厂商检测过，其结果就会显示一个红色的机器人图标；如果没有被检测过就会显示绿色；如果是 VirusTotal 未知的软件，则会显示蓝色的机器人图标。目前 VirusTotal 已经支持超过 40 个恶意程序检测引擎的支持，结果更加全面。

用户可以把任何过去没有出现过的程序上传至 VirusTotal，当然首先你需要注册一个 VirusTotal 账号，VirusTotal 将会根据你的账号上传文件。上传之后文件会作为一个低优先级扫描文件开始排队等待扫描，待扫描结束之后 VirusTotal 会推送相关通知告知用户。

VirusTotal 还有一些其他功能，比如重新扫描，过滤或者详细结果等，当然你可以在它们的网站了解更多信息。最初这个程序只是 Mondragon 大学的 Urko Zurutuza 管理的学校里一个项目的一部分，后来经过 Anthony Desnos 的加工、重新编码等才有了今天的 VirusTotal。

VirusTotal 独立的服务使用多种反病毒引擎实时、自动更新病毒定义库，每款反病毒引擎都将显示详细的结果，实时全球统计数据。VirusTotal 在《电脑世界》杂志(美国版)所评选的安全网站类别中，荣获 2007 年最优秀的 100 款产品之一的称号。

VirusTotal 使用地址：https://www.virustotal.com/zh-tw/。

第 6 章 <<<<<<<<<<<<<<

"云"中娱乐更自在

6.1　来一场公平的对决吧！——云游戏

作为一个游戏发烧友，A 同学经常因为游戏的不断更新的版本感到苦恼。因为像极品飞车、孤岛危机等游戏对主机硬件的要求比较苛刻，尤其是对显卡的要求非常高。A 同学如果用现有的电脑运行这些新版游戏，硬件设备是心有余而力不足，只怕卡机卡到不行甚至无法运行。而如果为了迎合这些新版本，最直截了当的升级计算机的硬件设备，将 CPU、显卡等通通升级，难免又要一笔不小的费用。

面对"电脑更新的速度跟不上游戏升级的速度"这一事实，不断更新计算机性能只能缓解这一矛盾，并没有彻底解决它。这是许多网络游戏玩家避免不了的烦恼。除了上述的硬件更新频繁问题，还有传统游戏平台提供的服务并不能保证玩家之间公平对决，玩家各自主机配置的高低在游戏中起着至关重要的作用，性能配置高的自然胜算一筹。但一味地追求硬件配置的更新，在经济上并不是普通的玩家能承受得起的，而且也会造成硬件设施浪费，导致一些普通玩家不得不放弃这款要求配置高的游戏，这也是开发游戏技术人员所不愿见到的。

针对上述问题，一项新的基于云计算的技术服务面世了，它有望将玩家们从不断升级计算机硬件的"泥潭"中解救出来，同时带动游戏产业更全面发展。它就是云游戏。

在介绍云游戏之前，先了解游戏机是什么。显而易见，游戏机在我们的生活中扮演了娱乐工具，不管是对于成长中的小朋友，还是大龄玩家。

游戏机是一种用于游戏娱乐(声、光、电以及触控)的计算机系统，使用它需要获得相应的游戏软件，再加上电视机或者其他专用显示器，以及相应的专用输入设备(如手柄等)，这些一起构成类似电脑系统的游戏娱乐设备。

云游戏是以云计算为基础的游戏模式。在云游戏的运行模式下，所有游戏都将会在云服务器端运行，并将渲染完毕后的游戏画面压缩后通过网络传送给用户。在客户端，用户的游戏设备不需再像以往的传统游戏要求很高的性能，甚至用户不用购买硬件和软件，只需为服务付费。想玩老游戏不用把以前的老游戏机搬出来，不用担心硬件故障，不用担心时空的变化，只要网络存在，并配备简单的输入/输出设备，理论上就可以随时随地地进行游戏，这一举措极大地减轻了玩家们的经济负担。

云游戏类似于视频点播。许多云游戏供应商都会提供这种技术，只是需要一定的网速和按月收取租金而已，但花费远远少于购买一个新游戏所需的费用，而且，用户不用担心游戏系统是否能处理这个游戏，不需要足够大的硬盘，不用再浪费时间来下载。客户端处理器和显卡只需要基本的视频解压能力就可以。而对于服务提供商，再也不用为物流的费用发愁，同时也节省了物流所花费的时间，玩家们和新游戏发布的接触更加及时，游戏厂商当然希望人们拥有更多游戏时间，开发的游戏直接发布在云游戏的平台上，可以完全不必像传统的游戏软件需进行刻录、实体包装，也不用害怕商品囤积带来损失，有利于打击盗版行为，维护商业机密和知识产权，这也是符合环保的社会呼声。对于既是玩家又是游戏开发者的双重身份的人们，云游戏模式的出现是生活与工作上的福音，向他们提供了“低门槛”的通道，有利于低成本游戏制作的进行。

云游戏其实是一种服务，目的是为了把游戏从游戏机或电脑中分离出来，颠覆游戏开发与硬件升级的紧密联系。用户无需在自己的电脑上下载或安装任何游戏，就可以随时玩到任何想玩的游戏。游戏运行在提供云游戏服务的公司服务器上，客户端将玩家的键盘、鼠标和手柄输入传到服务器，服务器会把这些画面连同声音一起压缩成视频，并将这些视频流实时地传回到玩家的电脑上。这个过程看似复杂，实际上只要带宽够，用户打游戏时就像打开一个网页一样简单。

OnLive 是国外出现的比较早的一款云游戏产品，目前，它的游戏服务已经能对云上几乎任何连接的设备提供游戏机品质的游戏，在美国和欧洲拥有数以百万计的用户。OnLive 游戏的流畅来自其强大的数据中心。不仅如此，广泛的游戏设备支持也是它的一大特点。OnLive 的游戏系统可以与众多高清电视和许多 Android 平板电脑和智能手机兼容。用户可以把自己的 PC、电视、苹果机和平板电脑变成为一个强大的游戏机。OnLive 创始人兼 CEO 史蒂夫·珀尔曼表示："未来的视频游戏将越发不受时空和设备的限制，玩家只需点击一下按钮便可立即体验最新、最高端的游戏。现在，我们正朝着这个未来迈出第一步。"但是根据 GameInformer[①]的一项最新调查显示（具体受调查玩家人数不明），在被调查玩家中，购买了 OnLive 的玩家仅占 3.1%。由于游戏软件产品相对有限，网络要求相对较高——高清画面需要 5 M 带宽以上等原因，OnLive 在众多玩家中普及还是受限的。

国内，云游戏的概念也随着云计算的出现如火如荼，云联科技有限公司是国内最早出现的一家专注于高端云计算项目——云游戏平台的设计、开发和运营的创新型企业。云联科技目前已经签约阳光娱动、娱乐通等国内主要游戏发行代理商，一举拿下了数百款知名中文游戏，以打造全球最大的云游戏中文平台。

6.2　同步起你的音乐设备吧

从古至今，在人们生活中，音乐都是不可或缺的调味剂。它的作用不必详述，您都能感觉得到在生活中的地位，而值得一提的是音乐设备的更新换代，20 世纪 70、80 和 90 年代的人们并不陌生这一过程。就拿 1980 年出生的人们来说吧，嗷嗷待哺的时候，收音机在父辈那一代已经是极其珍贵的物品，到了他们的中学学生时代收音机、录音机、复读机已经很普及，而 Walkman、Discman 机开始成为人们音乐设备新宠。

……

① GameInformer 是美国的电子游戏月刊，由 Game Stop 公司经营与发行，内容包含特色报道、游戏新闻、游戏攻略及评论。

作为酷爱音乐的 80 后 B 同学，对于上述的音乐设备的更换自然是熟悉不过。B 同学早已将横行中学生时代的 walkman 作为一种回忆收藏在某个书柜的角落，他还能轻易地回忆起这玩意花了多少钱，好多年前的事儿，但又好像在昨天那么清晰。B 同学现在依然还喜爱音乐，Walkman 之后，他用过 MP3、MP4、MP5 等音乐设备，而现在听音乐常用的还是计算机设备、移动设备。确实，现今能使用的音乐设备比以往的高级和稍为方便和实惠，但这些设备的存储和共享操作还是有限的，而且费用对于不断追求音乐品质完整的发烧友来讲还是不够经济的。这不仅仅是 B 同学的苦恼，也是众多爱好音乐者的纠结之处。

近几年，云计算概念炒得很火热，早已开始肆行于各种行业中，音乐这一行业也深受其影响。苹果、谷歌等巨头公司都看到这一契机，都纷纷投入“音乐云计算”的开发中。这个听起来有点飘忽的“云音乐”开发的目标是：只要在上网环境下，音乐爱好者就可以从“云端”获取内容。“云音乐”的开发就是使用户不必再劳师动众去重复做购买或下载的过程，因为云端的服务器已经能帮助其完全省略这些步骤。

为便于读者理解，下面简单的阐述云音乐究竟为何物。

云音乐就是用户通过音乐软件，可以将存储在云端的音乐内容在手机、PC 和电视等多种设备上进行播放、分享，无需用户从电脑存储器中拷贝到其他终端设备，好听的歌儿不用下载一次又一次，只需注册一个账户，你的移动设备们就可以一起同步啦！

说得更为透彻一些，云音乐和云游戏一样提供的是一种基于云计算的应用服务。它的出现之所以这么引人注目，除了云计算火热的缘故，大部分归功于它带来比传统音乐更适合人们的音乐模式。这种云音乐带来的优势主要有以下三点：

(1) 为用户提供了一个新的合乎法律和道德的通道，通过互联网接入有广大正版音乐版权的网站能享受海量歌曲库服务。

(2) 云音乐成数字音乐的一个发展方向，是各 IT 巨头发展的良机，点燃了企业创新发展的激情。

(3) 云计算是未来发展的一个趋势，这是云音乐的发展重要技术支持之一，云音乐也将成为产业发展的新方向。

基于上述优点，国内的互联网巨头怎么会错失数字音乐这一新兴领域。云音乐概念的应用涉及的领域为G3云推广①旗下商业模式应用的音乐网络平台服务，通过技术的手段植入最热门主流音乐网站，包括网易云音乐、百度音乐、酷狗、酷我、千千静听、QQ音乐等最热音乐网站。下面通过介绍一个国内云音乐产品例子来帮助读者理解。

2013年4月23日，网易云音乐正式发布，该在线音乐服务主打歌单、社交、大牌推荐和音乐指纹，在泛滥的音乐市场中打出了自己的旗帜。与此同时，对应的App也已登录IOS和Android平台。网易云音乐是一款专注于发现与分享的音乐产品，依托专业音乐人、DJ、好友推荐及社交功能，为用户打造全新的音乐生活。网易这一产品打破音乐播放传统模式，以歌单、DJ节目、社交、地理位置为核心要素，主打发现和分享。在接入互联网的基础上，通过注册网易云音乐的账户，用户可以在它的音乐库中添加自己喜爱的音乐(不是下载到本地)，或者直接播放在线音乐；而更为精彩之处是使用手机、iPad等平板，或者任何能接入互联网的设备都能享受这一服务，达到一个账号多种设备共用的效果。

实际来讲，与过往相比，无可否认现今的音乐的承载物已经发生了翻天覆地的变化，距离那些旧式的音乐设备被扔进垃圾箱或者杂物柜虽然只有十来年时间，但旧式的音乐磁带、复读机也只能去历史博物馆去回忆了。从网易云音乐网站上看到了未来音乐产业的一个小小缩影，但还需继续完善服务模式，如何合法的获得更多音乐版权等问题。可以加以肯定的是，音乐云是音乐产业的未来，它本身一定会改变音乐的消费形态，它作为一种音乐产业中的新契机已经出现。

6.3　开始"翻滚"的云手机

手机作为我们的日常生活中的一种常见社交联系方式，从最初的"大

① G3云推广(Cloud Promotion)就是通过先进的网络技术，以电脑为终端的互联网和以手机为终端的移动互联网相结合的推广和宣传企业产品，实现网络宣传、购物的全面覆盖式推广，其云搜索覆盖各大搜索引擎推广，含百度、谷歌、腾讯搜搜等。

哥大”到现在的智能轻薄手机，它的发展也是惊人的迅速。近年来，伴随着云计算概念的兴起，云手机也开始“风起云涌”。云手机的出现，试图打破传统手机的有限的通信格局，并充分利用现今得到广泛 3G 时代资源带来的移动宽带网络和手机互联网。同时受最近不断挖掘研究的云计算模式的思潮启发，将手机与互联网服务联系起来，让手机摆脱过去较为单一的服务模式。

6.3.1　云手机为何物

所谓云手机，就是将云计算技术运用于网络终端服务，通过云服务器实现云服务的手机。直白一点地描述，就是“云”化的手机。每一个应用、每一个功能都是基于云提供的服务。这其中主要包括云助手、云便笺、云图片、云聊、云搜索、云邮、云浏览器等几大功能特色，只需一个注册的用户账户。这个账户可不容小觑，它代表了个人在云服务器的身份证，就好像是通过你本人身份证绑定并利用其唯一性的特性而定制属于自我服务，这种服务有专一性和较高的安全性。所有的云手机上功能的使用完全基于一个云账号。当然，通过在云手机和浏览器都可以共同登录到云服务器中。

云手机，这概念似乎还让人停留在云里雾里，听上去有些深不可测，但其实没有那么神秘。它和现在广为使用的智能的手机相比较很明显第一个特征就是：无需下载云端应用程序，存储操作也无需占用过多本地空间。“云手机”最核心的支撑就是“移动互联网”，没有接入移动互联网也就没有所谓的“云手机”，而这也是广大手机用户对云手机持观望态度的一个主要原因。正如上面所提到，云手机本身硬件设施无需足够强大，只需要接入互联网即可，它不仅可以通过账户登入云端备份用户的数据，还能让网络成为用户的“硬盘”，随时随地接入，不怕文件丢失。

面对云手机的潜在巨大商机，大大小小的手机供应商对云手机打出的招牌也是层出不穷，令人眼花缭乱。但古语有云：“万变不离其宗。”其实广告有多炫目，广告词有多动人也都改变不了一个事实：大多品牌推出的“云手机”都奔向着同一个方向——有着共同的特点。

下面从目前市面上出现的云手机共有的六大特色，进一步让读者了解云手机。

6.3.2　云手机的六大特色

1. 通讯录的同步备份功能

随着科技水平的发展，手机更新换代高频率的现象已不足为奇。对于更换新手机的使用者来说，通讯录的备份是比较头疼的。无论是普通使用者上百条的记录或是商务使用者上千或更多的记录，重新手动输入都是一件令人苦恼同时也耗时耗力的事情。云手机里面所体现的人为关怀的用户体验就是能将用户的通讯录集合完全脱离传统手机硬件存储，不仅解决了联系人同步功能，而且对用户的通信资料进行安全保护。当然，用户也可以在电脑终端上通过具有唯一性的身份认证对保存在云端上的通讯录进行编辑，可添加、删除、修改。此方式也极大地方便了用户，弥补了手机上批量操作的不足。

2. 个人资料备份功能

对于信息时代来说，类似于古人的飞鸽传书的功能，邮件、短信和诸多信息交流应用软件已成为用户日常生活之间的交流方式。其中部分信息也是很多用户非常宝贵的个人资料，比如重要的短信记录、来往邮件附件和聊天工具产生的信息数据等。云手机作为移动设备不仅可以执行 PC 终端的一些基本操作，也提供了简便易用的同步功能，能及时备份好用户的重要资料。

3. 丰富的推送功能

和现今的普遍使用的智能手机相似，云手机也支持推送功能。推送功能能根据用户的选择的偏好甚至地理位置进行推送服务。比如说在使用地图服务的时候会根据用户的信息点推荐身边的功能，这些丰富的推送功能也是留住广大用户消费群的最好武器。

虽然市面上的智能手机也有丰富的推送功能，但它和云手机的功能还是有着微妙的不同。云手机的一个即时消息软件，只有在它运行时才和服务器相连的，一旦退出这软件就断了它们之间连接。而现在普遍使用的智

能手机的推送功能存在着软件更新的隐蔽性，如邮件、天气、部分程序等都会自行更新，除非进行手动强制关闭或数据流量用光，否则即便是你对手机毫无操作的情况下，手机还是通过后台悄悄在产生流量。

4．LBS 定位(Location Based Service，基于位置的服务)

LBS 是通过各大通信运营商的无线电通信网络(如 GSM 网、CDMA 网)或外部定位方式(如 GPS)获取云手机用户的位置信息，在 GIS (Geographic Information System，地理信息系统)平台的支持下，为云手机用户提供相应服务的一种增值业务。它会根据你所选择的地理位置，显示你可能感兴趣的东西或是以定位的中心某距离为半径显示出你周围的事物。这极大方便了云手机用户的出行，不管是陌生或者是熟悉的地方，都能迅速掌握所处的周围环境信息。

图 6.1 所示为地图定位的示例。

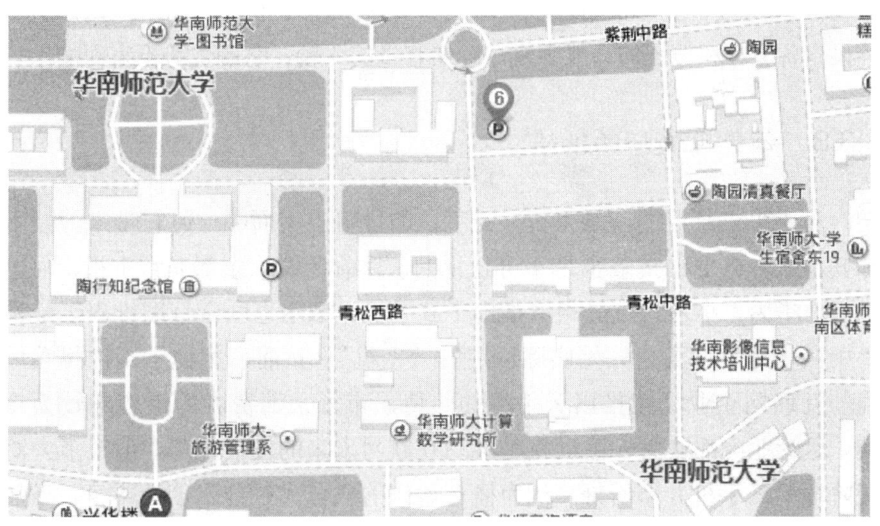

图 6.1　地图定位部分截图

5．应用软件自动更新

与传统智能手机相比，云手机服务提供了一个接入大量第三方开发本地应用程序的平台及各种云服务(如地图、电子邮件等)，用户根本无需下载安装软件，即可实时享受互联网服务。现在市面上智能手机上的各种应用程序五花八门，其更新频率也比较高，虽能自我检测到应用最新版本，但往往需要用户手动更新软件，而对于云手机来讲，每一个应用软件程序在云端已自动检测更新，无需用户的干预，因而其都能保持着最新的版本。

6．超大存储容量

云手机几乎摆脱了传统手机对本身硬件存储容量的依赖。云手机业界人士经常这般描述云手机的存储空间：庞大的甚至是无限的。市面上出现的阿里云手机采用了阿里云 OS 系统，它的用户们能直接享用 100 GB 云空间用于私密存储，并可使用互联网上的海量 Web 服务。而作为云服务代表的苹果 iCloud，其用户也可免费得到 5 G 存储空间，从苹果购买的音乐、应用程序和电子书不占用空间。此举措不仅能让文件存储在云服务的特定空间，而且也具备自动同步功能，减少了下载到本地设备的空间开销。当用户对使用苹果 iOS 系统的移动设备进行充电时，用户文档、购买的音乐、应用程序、照相簿和系统设置等都会自动进行云端备份，再推送到用户所有苹果设备上。和传统的智能手机的存储容量的比较，它的优势不言而喻。

6.3.3　云手机面临的挑战

对于手机产业的市场来说，云手机的优势不言而喻，但它带来的技术和其他服务方面的挑战也是不可忽视的。目前各大厂商都非常重视，阿里巴巴、华为、小米科技等相继推出了云手机。戴尔也联合百度推出了号称“中国内地首款真正开始实际运用的云手机”。然而，相比于国内终端厂商与互联网企业陆续推出云手机的热情，市场上消费者的反应却较为冷淡。尽管业内都认为云手机将是移动互联网未来的发展趋势，但很多人对现阶段的云手机并不看好，认为概念炒作的成分大过技术创新本身，当前的云手机还只是一片“浮云”。对此态度反差的一幕，相关业内人士指出，当前，移动通信领域竞争激烈，企业必须要潜下心来，不断创新，着眼于用户的需求，研制出适合用户需求的新产品，并尽早做好专利部署，对于云手机也是这样。只有进一步加强研发，不断开发新技术、新应用，并依靠专利抢占市场先机，在“云时代”来临时，方能在云手机领域大显身手。

图 6.2 所示为阿里云手机的外观。

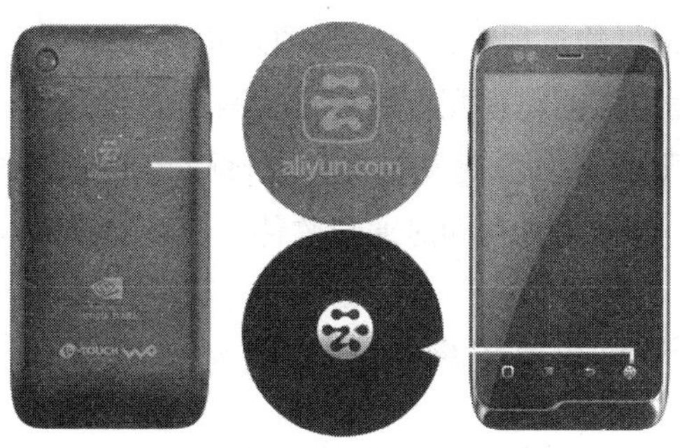

图 6.2　阿里云手机的外观

6.4　更智能的选择——云电视

早在 2010 年，IT 巨头谷歌就开始首推内置安卓操作系统、Chrome 网络浏览器和英特尔 Atom 芯片的智能电视机。基于传统电视视频业务，实现了浏览海量网络视频、下载各种应用软件等诸多功能。安卓系统本身具有良好的兼容性及开放性，因而也吸引了众多国内外电视厂商如 TCL、创维、索尼蜂拥而至，纷纷推出了安卓系统的智能电视机并具有与谷歌公司类似的内容提供及应用服务提供商，给智能电视用户提供海量全业务服务。这便是我们所要介绍的云电视。

6.4.1　初识云电视

云电视不是虚无缥缈的概念，并没有像它的名字那样让人迷惑。云电视其实是应用云计算、云存储技术的电视产品，是众多云设备的一种。有人将它与传统的电视机作比较，将它们之间的关系比喻成家庭水井和自来水之间的关系。前者俨然只能属于一个家庭单位使用，使用范围有限，服务范围自然也受限，难以大面积共享；而自来水由水厂供应，多方共享，资源富余，能按需使用，并能通过规模化效应来降低成本。也有人这样解释云电视和以往的电视的区别：云电视就好比是一站式购物大超市，里面有各种品牌、各种类型的商品，顾客不管需要什么都能找得到，而且数量极多，更新速度快；而普通互联网电视、智能电视就像是楼下的便利店，它提供给你的商品服务是很有限的。直白地讲，即是云电视用户不需要像过去那样单独再为自家的电视配备所有互联网功能或内容，而只需将云电视接入互联网，就可以随心所欲地从外界调取自己需要的资源或信息，比如说，可以在云电视里安装使用各种即时通讯软件，在看电视的同时进行通信。

6.4.2　智能电视的发展方向

至今，智能化家电的相关概念弥漫在家电产业中已有不少年头。自然而然，随着产品推广和营销，人们对其更是熟悉，这其中当然也包括智能电视。而在这里介绍的云电视代表了智能电视的发展方向，它具备了当前智能电视的所有功能，而最能抓住大众消费眼球的还是那一个个亮点：

(1) 能提供大容量存储云空间，用户可以享用的资源丰富。

(2) 多方位互动，不仅仅可以依靠传统的遥控器，也可以直接使用接入计算机的输入/输出设备，如鼠标、键盘和手写板等，自由地智能操控电视。

(3) 云电视能通过云安全业务有效保障个人信息及网络安全。

(4) 可以实现家庭“三防”功能。

(5) 实现多屏互动。不受时间、地点等限制，只要接入云端就可以实现电视机、电脑、平板电脑、智能手机等终端设备的视频、音频、文本等多种内容的共享。

图 6.3 所示为电视、手机、平板电脑等相互间互动的示意图。

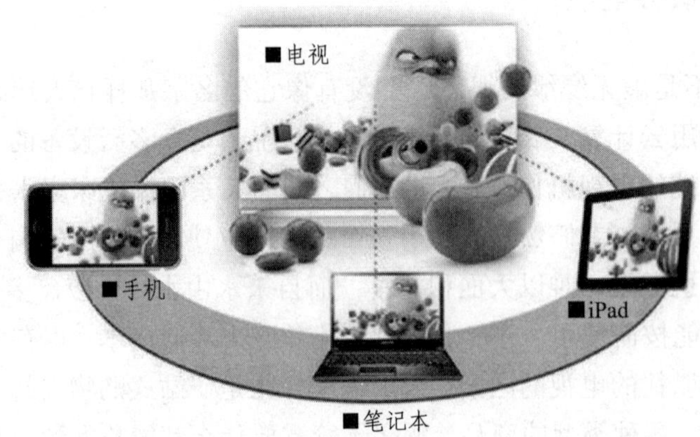

图 6.3　电视、手机、平板、PC 等多屏互动示意图

云电视带给人们更为广阔的视角，不再局限于通过传统的电视网观看节目，而可以利用互联网进一步扩大电视的使用范畴。以这样的发展趋势，电视最终会脱离其传统形象而变为互联网的一种显示终端，与智能手机、平板电脑等移动终端设备互补。虽然智能手机、平板电脑等移动终端使用也很方便，屏幕适度是它们的优点，但同时也是局限观看者人数的一个重要因素，这很明显不适合人数众多时使用，也达不到人们对电视机欣赏舒适度的要求。通过云电视，用户还可以更便捷地将移动终端上的内容展现到电视机上。使用云电视，用户无需再为配备各项互联网功能或内容而单独对自家电视进行升级、维护、资源下载，只需将云电视接入互联网，就可即时实现最新应用和海量资源的共享。

6.4.3　行业标准现状

2012 年 5 月 15 日，由工信部消费电子产品信息化推进委员会、国家广播电视产品质量监督检验中心、中国电子商会、智能云电视领军企业 TCL 等联合发布了《智能云电视行业推荐标准 2.0》。同时，消费电子产品信息化推进委员会还首次对外正式公布了智能云电视六星智商评测结果。这一举措不仅具有里程碑意义，而且再次明确了智能云电视是中国彩电业的发展主方向，为中国智能云电视产业的下一步发展指明了道路。至此，中国智能云电视产业已进入全新的、标准指引下的规范化发展阶段。2011 年 10 月 28 日，电视业界内联合推出了《云电视行业推荐标准》，这是全球首次发布有关云电视的标准，让云电视终于有了清晰的定位，并从此有章可循。

6.4.4　国内云电视品牌系列产品

国内品牌 TCL、康佳、海尔、海信、创维、长虹、清华同方这 7 家国产彩电巨头，相继推出了自己旗下的“云电视”。同一件新产品，被不同厂家，在如此短的时间内同时推出，这种密集程度在国内彩电行业是从来没有过的。

1．TCL系列

TCL 3D 智能云电视 E5390 搭载了全球首个电视专用点读教育系统，囊括了中国所有主流教育机构的视频教育资源，涵盖了语文、数学、英语等各学科，实现了书本内容在电视上的实时高清显示、发声朗读，集看、听、读、动手于一体，带来全方位家庭亲子教育新体验，引领全球家庭教育新潮流。同时拥有自然光 3D 技术，能够让 3D 画面高清无闪烁，保护眼睛的健康。极致窄边设计还实现了真正 9.9 mm 超薄内框，并拥有 4G 内存支持 32G 扩展。另外，E5390 作为 TCL 与腾讯战略合作产品，内置了丰富的腾讯应用，如 QQ 音乐、QQ 视频、QQ 通讯以及 QQ 浏览器，真正打造成为一款 QQ FOR TV，并且兼容电子保单、云屏互动等功能，还能观看优朋普乐海量正版视频。E5390 作为普及型“云电视”，其性价比较好。

2．创维系列

外观采用银色金属拉丝面板，超窄边框增强了视觉效果，IPS 硬屏和不闪 3D 技术也提升了画质效果，其云平台现提供有云空间、云社区、云浏览、云应用及云服务 5 大内容。创维 42E83RS 的云平台中还有一个创新功能，就是电子保单业务，简单来说就是将这台电视的保修“藏在”电视里，这样用户就不用担心保修单丢失的问题，也可以让维修环节的收费变得透明，服务更有保障。图 6.4 和图 6.5 所示为某型号创维云电视使用界面和平台的内容。

图 6.4　某型号创维云电视使用界面

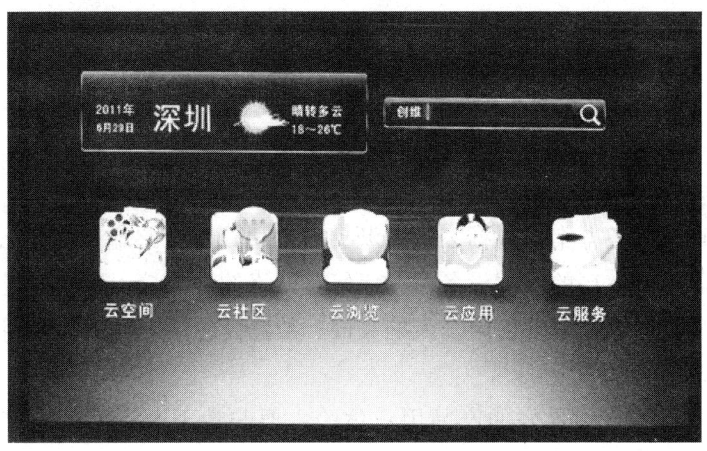

图 6.5 创维云电视的内容

3. 长虹系列

长虹智尚 A9000 电视采用了强大的双核 1G 处理器和时下最流行的安卓 2.2 定制系统，并内置了腾讯微博、QQ、奇艺视频、愤怒的小鸟等各类海量应用软件。同时，该机还具有集成了几个固定功能的网络应用，如电子相册、财经视界、车票查询、天气预报、电子票务、社区服务等。用户可以通过智控系统自动搜索并连接无线局域网内的电视，自由推送手机内的图片、音频、全高清视频至电视屏幕，还可以利用多屏互动系统实现由手机操纵及摇控电视、触摸游戏、电影导视等功能。长虹公司还与科大讯飞合作推出了 Ciri 智能语音系统。

4. 康佳系列

康佳 6000 系列智能云电视采用的是超级窄边工艺，简洁、大气，并首先尝试采用韩国三星最新 8.5 代屏体无缝切割技术，使得屏幕和视界显得更大。6000 系列在智能技术的环保性、智能性、娱乐性和安全性四大方面都有了进一步提升。康佳公司与金山快盘独家合作云存储功能，与中国银联合作推出了电视缴费平台云支付服务，还有云识别功能，支持所有热门应用的语音输入，可记忆用户常用输入，实时更新优化词库，操作更愉悦。康佳的智能云电视还具有特有的云检测功能，能对电视进行远程诊断、实时垃圾清理、修复设置等管理，在安全保障方面特色较明显。

6.5 "无硬盘，无CPU"——云电脑

云电脑这一概念是由上海天霆云计算最早提出的，他们指出：云电脑是一种整体服务方案，包括云端资源、传输协议和云终端。对于云电脑，用户只需一个小巧的终端设备，在任何有网络的地方接入网络，连接显示器和键盘鼠标，就可以访问个人的桌面、数据、应用。一切与使用传统电脑没有区别。

云电脑的这种良好的产品用户体验主要归功于天霆独创的 CHP[①]技术，它是完成数据中心与云电脑之间交互的重要技术。CHP 为用户提供一套完整的高用户体验功能，可以提供高安全性、高清体验、高速外设连接、低带宽连接、广域网接入、2D/3D 支持等特性。在 CHP 技术下使用天霆云电脑将获得极高的用户体验度——这与现有的 PC 没有任何差别。

1. 天霆云终端

图 6.6 展示的是天霆云产品其中的一款天霆云终端 X900 和这款产品正常工作的画面。从图上，肉眼可观察到它的体积和以往的传统主机相比确实精巧得多。但它的服务能力却没有因此而打折。根据天霆云计算对其的产品介绍，只要接入互联网，和连接上输入/输出设备，则和现今广为使用的电脑的功能没有什么两样。云端丰富的资源库不仅向它提供用户的基本需要的桌面服务、强大的计算能力的硬件资源池，而且其服务器集群机制的分布式资源调度、高可用性和实时迁移特性能在最大程度上保证用户作业的稳定进行。

图 6.6 天霆云终端 X900

① CHP 技术：远程桌面呈现协议。

2. 云电脑与瘦终端之间的比较

上述的终端和所谓的瘦终端是有区别的，虽然它们的体积都是小巧型的。瘦终端虽个头小，但传统PC里的CPU、硬盘一个都不少。而云终端不仅没有CPU、硬盘，也没有采用瘦终端的x86系统架构，这也是云终端的体积还要比瘦终端更小个的原因之一。除上述区别，还有以下几点值得一提：

(1) 云终端无需本地处理能力，而是在传输协议下通过云端强大硬件资源向用户提供这些处理能力，相对于瘦终端本地的处理能力更能带给客户良好的体验。

(2) 瘦终端也相当于是一个迷你PC，自然也会受到病毒的攻击，而云终端无需考虑这点，安全服务各种措施是云端考虑的问题，云服务器端采用多种安全机制保证虚拟机安全，则用户可以享受安全性高的服务。

(3) 瘦终端有CPU，需要散热孔和散热装置。而云终端则可以省去这一装置，甚至有利于创造“零噪音”环境。而且云终端接近密闭的设计能更好地防尘防湿，对产品的寿命也起到延长保护作用。

(4) 瘦终端本身的硬件设备比云终端要复杂的多，相比之下，其功耗也高。

(5) 相对于瘦客户机的部署，云终端则是真正的即插即用，更加简单、方便。此外，随着使用时间长，产品需要进行升级是一件很正常不过的事情，云终端可由点及面统一升级，而瘦客户机则需要逐个升级。

第 7 章 <<<<<<<<<<<<<<

云在蔓延着——飘向生活的角落

也许还会有人问云计算概念的提出为何会受到如此关注?

这些技术类的事情不是专家们的专属工作对象么?

云计算和我们的日常生活有着什么联系?

云计算或者只是一个表面性的提法，离我们很远吧?

云计算会成为创时代的新技术么?

云计算从哪些方面来影响我们的生活?

……

伴随着一系列的种种疑问声，“云计算”的雏形概念在诸多人士关注和研究摇篮里一点一点被挖掘和雕琢，现在云计算已成功摆脱了空壳的头衔，它不再是泛泛而谈的不实之物，也不是人们口中遥不可及的不可触摸的那朵“天上的云”，它已开始缓缓飘向各个领域，从各个层面渗透入人们的日常生活中。而那些和云开始有了亲密的接触的应用领域里发生了什么变化呢？云计算可是毫不吝啬地展现出它的出彩之处。

以下五个小节将分别由浅入深地向读者揭示这朵云飘向教育、医疗、电子商务、电子政务和制造产业这五个领域的奇幻之旅。

7.1　飘 向 教 育

随着网络的普及和网民素养的不断提高，我国教育部门和人们都认识到实施教育信息化是推动教育事业发展的一个重要里程碑。在信息化大爆

炸的信息时代，你不可能再像以前那样关起门来只读圣贤书，与时俱进的号角已经吹响，教育事业也迎来了与互联网结合的教育信息化时代。

评价是否实现教育信息化至少从以下两点事实出发：

(1) 信息化教学水平得到大幅度提高，基本实现信息技术与课程深层次整合，不仅能大幅提高教育的质量和效益，而且能培养教师和学生信息素养能力。

(2) 教育信息化管理已经作为一种日常行为或工作方式深入学校教育。而这也恰恰是大部分学校所欠缺的，还需很大改进。

信息化建设初步时，许多学校在计算机硬件设备和软件上已经花费了一笔数额不小的开支，而目前各个软件厂商提供的应用软件缺少互操作能力，无法共享信息和交换数据。各种应用软件把各自的数据锁在“数据坟墓”中，即使是同一个软件厂商提供的软件之间也难以实现数据的共享，这就造成了“信息孤岛”现象。这带来了不少的麻烦——数据重复录入、用户维护成本高、生成报表费时费力、教育系统数据传递缺乏标准、先进技术得不到充分利用等一系列问题。基于上述，我们急需一种新技术或者新建设方法去解救教育信息化瓶颈问题。

1. 认识云教育

云教育是云和教育密切结合的产物，是以云计算架构为基础，深度融合各种资源，按需向用户提供教育与学习服务的运营环境和商业模式。云教育开发程序将成千上万的服务器集中起来，实现自动管理，形成一个专用于教育领域的云计算平台。所有教育部门和学校无需再搭建服务器，购买硬件等，都可以在该平台上开设信息化中心，向教育部门管理人员、教师、学生、家长提供教育应用服务，使所有使用者都可以享受最先进的信息化教育。这不仅打破了“信息孤岛”这一僵局并达到共享信息和交换数据的目的，而且各个教育部门和学校还能根据所需选择模块化的应用定制服务。云教育打破了传统的教育信息化边界，大大降低了教育信息化的准入门槛，推出了全新的教育信息化概念，集教学、管理、学习、娱乐、分享、互动交流于一体。教育部门、学校、教师、学生、家长及其他教育工作者，这些不同身份的人群，只需要一个很简单的终端连接网络即可获得所需服务。

2. 提高在线教育资源利用率

据教育部最新统计数据，传统教育信息资源没有得到充分利用，甚至被长时间闲置以导致资源浪费。不仅仅是闲置的硬件设施的浪费，也造成信息数据资源的不流通。信息技术似乎只是作为一种演示工具而存在，对教育的影响远远达不到预期目标。

云教育平台向各高校教育单位提供了一种更贴切的服务——可以共享使用的计算机教学应用实践平台。它的出现，改变了传统局限于高校教育信息化各自为政的现象，大大减轻了学校的资金负担，要知道建成整校集群工作组的资金是有多庞大的，更不用说后续的维护机器和聘请专业人员的费用。

当前，云教育在教育领域的实际应用主要是根据国家十二五规划《素质教育云平台》要求，由亚洲教育网进行研发使用的“三网合一智慧教育云”平台。亚洲教育网(www.aedu.cn)是国内一流的教育信息化应用服务提供商。它搭建了一个教育社区平台，该平台由全国、省级、地级、县级共四级地区平台组成，各县级平台向下由校级、班级、个人三级支撑，轻松实现优质教育资源的共建共享。模块化应用的合理划分能满足各级教育机构的需要。

图 7.1 所示为亚洲教育网云产品架构。

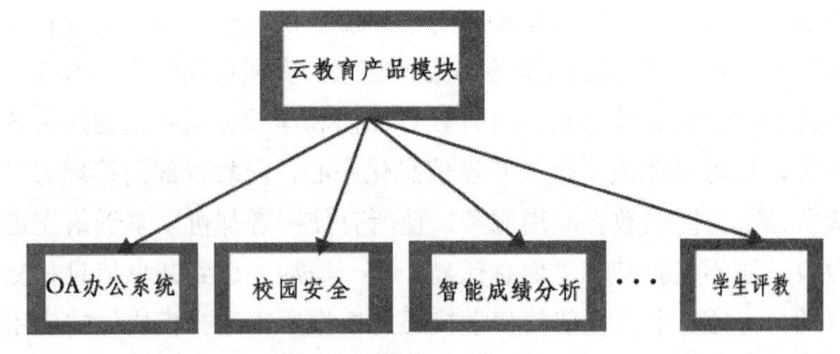

图 7.1 亚洲教育网云产品

3. 打造远程教育平台

远程教育是指学生和教师或者是教育机构之间主要采用多种媒体手段进行远程教育系统教学和通信联系的教育形式。它是信息时代发展下的

一种新型教育形式，是构筑知识经济时代人们终身学习体系的主要手段。

传统的远程教育平台是由大小不一的网站各自搭建的有限资源共享平台，而且，它所需的搭建环境的软、硬件要求高，资源复用率很低，系统扩充能力不强，可配置性不够灵活。这并未很好地解决国内的教育资源由于地域、经济不平衡和人口多导致分配不合理等问题。

基于云计算的远程教育系统能够充分利用云计算的优势，统筹使用各地软、硬件设施资源，不仅增强了远程教育能力，而且也提升了资源提供能力。它不再要求高性能的服务器，而是通过云计算技术，将各地普通性能的服务器组合到一起，并以此来获得高性能的服务，从而节省了大量的硬件投资。对用户来讲，他也能享受到服务性能更高的平台服务，教学资源丰富、选择空间大。这尤其对偏远地区的教育工作有很大的推动作用，摒弃地域差异。通过连入这个远程教育平台，全国各个角落都能享受同等的教育资源，同时也使用这个教育平台去共享资源，使网络教育资源趋于平衡，即发达地区的学校可在云教育上发布资源，使落后地区可共享到发达地区的教育资源，发达地区的教师也可通过云教育为落后地区的学生进行远程交流、授课、辅导。这对建成无差异教育体系有重大推进意义。

7.2　飘 向 医 疗

生病感到不舒服，自然而然，人们会去医院看病，看病基本流程是：挂号——看病——缴费——拿检查结果或取药。然而，当中的某个环节一旦遇人多需要排队的情况，当需要长时间等待时，通常就会让人们烦忧不已。

纵观我国医疗信息化走过的近三十个年头，大致可分为四个阶段：单机单用户应用阶段→部门级系统应用阶段→全院级系统应用阶段→结合云的医疗探索阶段。政府调查数据显示，国内 90%以上的医院现处在第三阶段，医院通过购买、自主开发或合作开发建设医院信息系统，其面临的主要问题包括：

(1) 建成信息化系统成本高。医疗机构采用“驻地模式”获得信息化服务，即用户自己投资建设、维护信息化系统。医院不仅在硬件基础设施花费一笔很大的开销建立自己的服务器群，而且还要在地理空间有限的情

况下，安排机房容纳这些建成信息化所需的系统设备，并要聘请专门的业务人员对数据进行管理。

(2) 数据急剧产生加大存储设备负荷。医院每天都会产生大量的医疗数据，更不用说遇上由季节性引发的疾病或是带有传染性的疾病盛行的情况，而这些数据对病人有参考价值，对于后续的医疗事业也是很有研究价值。但医院驻地模式的客观条件，即有限的硬件设施，对这些日益增加的海量数据的处理达不到信息化预期的结果。医院如果不转化这种信息化处理旧模式，就只能通过购买更高级的硬件设施去提升处理数据性能。但我们也可以看到，这种方法并没有解决根本的矛盾，只能是某种程度上的缓解。当数据信息以指数倍或者以更高增长趋势产生时，通过更换设备去适应这个情况是不理智的，这只会造成花费更高费用在后续设备的不断更新换代里。

(3) 医疗机构间信息共享性差。医疗数据的流通往往仅限于同一个医疗机构的病人、医生、特定的医疗数据库中，这很大程度上阻碍信息的共享，形成了各个医院的“信息孤岛”。

(4) 医疗资源不均衡。这也是群众看病难、看病贵的主要原因之一。城市和农村的医疗资源分布不平衡，我国80%的医疗资源集中在城市，而占全国人口数70%的农村仅占20%。而且高素质的卫生医务人员、高精尖的医疗设备均集中在大城市的大医院，农村、边远地区或贫困地区仍处于缺医少药的窘境。这些差异矛盾加剧了人们对现阶段医疗体系的不满。随着科技越来越先进，大医院的设备和技术能力都得到较高的提升，但其服务能力还是比较有限的。而小型医院由于资金有限、资源乏匮等客观条件，导致设备不够先进，人才引进也受到阻碍，无法满足需要高要求的治疗。这些也导致了一些医疗现象：大医院能容纳的病人很多，但依然还是人潮人海，而小型医院容量小，但来看病的人没有那么多，其医疗设备没有得到充分的利用。

在这个信息发达的时代里，针对上述存在的问题和疑惑，先进的技术能否结合医疗现状解决医疗窘境让群众不再看病难、看病贵?

伴随着新医改，“3521工程”数字医疗计划发布，医疗信息化建设成为“十二五”计划的重要着力点，以此为国家制定的2020年每个人享有基本医疗卫生服务水平目标提供有力保障。其中云计算、云服务等一系列

的基于云的技术成为这一宏伟计划中不可或缺的一部分。也许走向第四阶段——结合云的医疗，能给我们一个满意的答复。基于 Internet 的云计算平台成为医疗卫生行业整合的最佳模式，将会在建设模式上为医疗信息化带来深层次的变革。

7.2.1　走近云医疗

云医疗指的是在云计算、物联网、3G 通信以及多媒体等新技术基础上，结合医疗技术，旨在提高医疗水平和效率，降低医疗开支，实现医疗资源共享，扩大医疗范围，以满足广大人民群众日益提升的健康需求的一项全新的医疗服务。

图 7.2 所示是医疗健康云的基本架构。

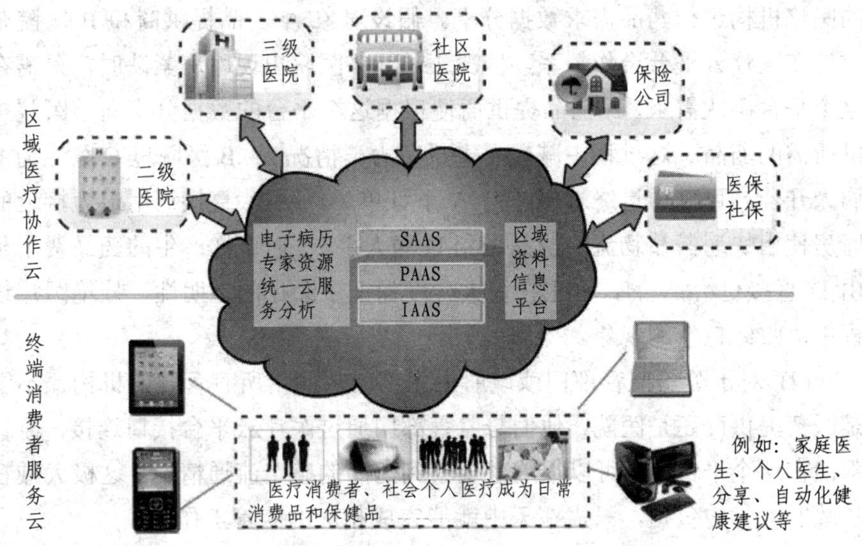

图 7.2　医疗健康云架构

从图 7.2 可以看出，云平台用户分为在医疗云平台提供医疗相关服务的使用者和通过医疗云平台享受医疗服务的使用者。

(1) 对于患者来讲，可以不选用旧式看病流程，运用终端(手机、各种平板、计算机)通过互联网接入医疗云平台，就可以使用云上的医疗服务，预约挂号看病、了解各种医科专家，也可通过特定的绑定服务将医疗消费和保险公司挂钩，实现消费报销一次搞定。例如，你需花费 100 元在某医疗上，而又在保险公司的医疗保险的报销范围内，假定是报销 60%，则你只直接付 40%的费用，剩下的则由保险公司负责。

(2) 对于医疗工作者来讲，不管是处于医疗设备先进的大医院，还是处于医疗水平落后的社区医院，都可通过与医疗云平台进行分享数据，也可以通过云上的资源共享获得远程医疗讲座、医疗技术教育，这也有利于不同医疗机构的医者同行间对医术进行更深的探讨研究，对推进我国的医疗工作有重要意义，医生能通过此医疗云平台对病患特征掌握更全面的医疗信息和技术，这也是患者的一个福音。

(3) 对于药品供应商来讲，除开传统的人员分销模式，可以通过医疗云平台与医院更为自在的合作。通过医疗云平台提供的特定接口可与合作的医疗机构进行药品需求数据分享。假设对象 A 药品提供商和 B 医院是上述在医疗云平台合作关系。情况 1：当 B 医院出现库房紧缺时，只需在这个平台确认需求，A 药品提供商便根据这个平台的数据分享向该医院提供所需的药品。这过程中减轻了大量劳力。情况 2：B 医院里 C 医生为 D 病人开药，可以通过终端服务向 A 下订单，然后 A 直接调用最为接近的库房使用快速药品物流将药品送到 D 病人手中。而这样产生的药品费用是由 D 直接付给 A 的，这也在很大程度保证了医疗的透明性，杜绝医疗过程中“收红包”的现象。

(4) 对于医药监管部门或政府卫生部门，由于所有管辖的机构，不管是医药提供商还是医院，他们与监管部门通过医疗云平台接口连接，监管部门在这个平台上，可以很清楚观察到药品的整个流通情况。这极大减轻了政府人员的负担，只需在云中就能完成相应的监管工作。

7.2.2　基于云医疗平台的急救医疗系统模式

场景一：某天，患者 A 在家突然恶疾发作，家人急忙拨打某医院急救电话 xxxx120。基本流程是：打急救电话—急救车接送—到所在的医院。传统的急救方式中，每个医院基本都配备各自的急救车，各自为政。假如

上述的急救流程中出现了小插曲，如电话占线、医院急救车资源不足没办法派急救车接收患者或者医院与患者地址相离甚远，都可能延迟了急救好时机而令病人病情加重甚至垂危。

场景二：某天，患者 B 在家突然恶疾也发作了，家人急忙拨打统一的急救中心电话，并用手机终端使用基于云平台上急救医疗地图 GPS 定位。而急救系统则迅速地根据距离和医院资源等因素确定好由哪辆急救车进行作业，并送到最为适合患者医疗的医院。在这急救车运送患者的时间里，急救系统的解决方案里也已经召集了医护人员和医疗准备工作就绪，急救车到达目的医院，医生立即给患者治疗。

场景一是传统的急救方式，场景二是结合云计算模式的急救方式，可经过上面两个场景的描述对比，后者的优势是很明显。这是一场由云计算引发的急救医疗系统的变革。场景二并不是笔者臆想出来的，已有研究专家们开始在生活场景中研究 GEMITS 项目[①]，它致力于研究开发可以使急救车能在最短时间内达到最合适医院的指挥系统。

7.2.3　基于结合云的电子病历的猜想

众所周知，随着时间的积累，传统的纸质病历越发不易保存，而且更可能由于人为因素造成丢失或不同程度上的损坏。电子病历的出现不仅解决了上述的难保存问题，而且也在基本涵盖了传统病历的全部功能的同时，还具有一些智能特性有助于医疗事业的推进。接下来，将详细阐述它绝不是你所想的如同普通的电子文档那样，它不仅仅是一本普通的病历。

对于电子病历的概念，学术界至今仍缺乏统一的认识。根据目前的研究，理想的电子病历应当具有两方面功能：

(1) 在需要了解一个病人的任何健康资料或相关信息时，医生、患者或其他获得授权的人都可完整、准确、及时获得它们，并可得到准确的释义，在需要时可以最大限度地得到详细、准确、全面的相关知识。

(2) 电子病历可以根据自身掌握的信息和知识主动进行判断，在个体健康状态需要调整时，做出及时、准确的提示，并给出最优方案和实施计

① GEMITS 是由日本岐阜大学急救治疗中心主任小仓真治教授领导的一个科研组。

划。医疗界是一个庞大的服务体系，它内含的各种专业的数量也是很可观的。根据建成电子病历的特点——数据量大、需要实时共享性能高、易于保存等特性，在一片片“云”风涌起的热点关注背景下，已有学者提出将电子病历迁移到云上的想法，而这大胆的结合会摩擦出什么样的火花呢？

对于基于云平台的电子病历的研究还在探索中，但不妨结合云计算技术和电子病历的特点，推测云电子病历拥有的优势和特征：

(1) 结合云计算相关技术的电子病历医疗平台，转变以往的服务模式，全国统一搭建医疗平台，医院无需购买昂贵的硬件设施，以省医疗管理单位作为一个云结点，每个云结点也是一个交换结点，通过云之间的接口交换信息，实现省省相通的功能，以达到电子病历流通的预期效果。

(2) 只要接入互联网，云电子病历能随时随地提供安全、可靠、实时地访问病人健康记录的能力。可以采集和管理就诊和长期的健康记录信息。这在医疗服务过程中向医生提供了重要参考资源，有助于为病人或病人组制订诊疗计划和提供循证医疗[①]。

(3) 采集用于病案和医疗支付的病人健康相关信息。

(4) 提供纵向、适当过滤的信息，以支持医疗研究、公共卫生报告和流行病学研究活动。

7.2.4　云医疗展望

云医疗的搭建并不是天方夜谭，也不是美国好莱坞科幻大片逃离地球的奇思怪想，它的存在实实在在已经开始影响我们的日常生活。当然，你可以根据上面描述结合云想象下未来的医疗景象：当患者使用云医疗平台便民服务不再觉得看病的繁琐过程中加剧病痛的苦楚时，当主治医生手持移动终端查房和跟进病患的病情时，当急救车通过医疗云平台迅速信息整合采取的恰当的急救路线在最短的时间内将患者送达目的医院时，当急诊

① 循证医疗不同于以经验为主的传统医学(即根据非实验性的临床经验、临床资料和对疾病基础知识的理解来诊治病人)。循证医疗提倡将临床医师个人的临床实践和经验与客观的科学研究证据结合起来，将最正确的诊断、最安全有效的治疗服务于每位具体患者。现代计算机、信息学的发展使生物医学资料更加丰富和便于共享。

医生使用虚拟桌面为心脏病患者治疗时，当远程影像资料通过医疗云呈现在放射科医生面前时，当偏远地区的医疗通过云医疗的远程医疗服务能获得和城市里差异无几的医疗服务时，其实“云”就在我们身边，它的到来让我们更专注于业务本身，而非硬件系统的性能，让我们从硬件的束缚中解脱，同时也让我们感受到应用的强大。在为医务工作者提供友好、便捷、高效的技术平台的同时，病患们也得到了更为合理、优质、快捷的医疗服务。

在移动互联的云时代，当一朵朵智慧的云彩跨越时空，它毫不吝啬地给生活带来了一份份惊喜和震撼，我们的病人在微笑，医生在微笑，而我们也会在云端为这一切的发生而满心欢喜。

7.3　飘向电子商务

八月份的南方，天气炎热甚至常有 40℃以上的温度，夸张的说法：一个生鸡蛋打落在炙热的路面上，过了几分钟，都达到了八成熟。这么热的天气，不想逛街但又急需想买部空调降温，也不想求助于别人，怎么办呢？这若是倒退十几年前，这话确实有点痴人说梦的感觉。但在互联网普及的这个年代里，你只需点点鼠标，用上网银或者到付的付款方式，你就完成了购买的行为，剩下的就是坐等物流将空调送上门。这完全可以达到足不出户逛街甚至更为便民的效果。

上述的购买方式对于今天已经是不足为奇。淘宝、天猫、亚马逊、易迅、当当网、京东等几大国内网站都提供了此类服务。它走进并极为深刻地影响了人们的生活。电子商务是一种新型的商业运营模式，在全球各地广泛的商业贸易活动中，在因特网开放的网络环境下，基于浏览器/服务器应用方式，买卖双方不谋面地进行各种商贸活动，实现消费者的网上购物、商户之间的网上交易和在线电子支付以及各种商务活动、交易活动、金融活动和相关的综合服务活动。

传统的电子商务网站的搭建，不仅需要购买各自搭建平台的设备，首次建站费用，往后的每年花费在技术和后续维护、推广方式的开销也是一笔不小的数目。随着网络普及程度不断深入，传统的电子商务要满足信息爆炸时代人们的需求，不能停留在原有的各自为政的圈子里继续为硬件设施的维护和更新伤脑筋企图提高用户体验值，而应考虑如何高速处理在海量数据里的商务信息数据和以低成本实现在线购物的运转。

现今正在兴起的云计算有一个比较明显的技术优势：低成本、便捷。云计算的出现使电子商务焕然一新，企业可以减少大量的人力、财力、物力去建立电子商务系统以及后台的维护支持，而这些关于设施建设之类的问题都由云计算提供商来处理，那些使用云电子商务的企业可以更加集中精力去挖掘潜在顾客，同时留住老客户，从而全面提高企业效益。

7.3.1　认识云电子商务

云电子商务在传统的电子商务的定义上有更深层次的拓展。云电子商务是指基于云计算商业模式应用的电子商务平台服务。在云平台上，所有的电子商务供应商、代理商、策划服务商、制作商、行业协会、管理机构、行业媒体和法律机构等都集中云整合成资源池，各个资源相互展示和互动，按需交流、达成意向，从而降低成本、提高效率。

上述的定义也许稍微抽象，现不妨假定一个卖家身份，如果是传统的电子商务模式，他首先必须得购买搭建服务器的硬件设施，还得请专业的计算机技术人员设计和搭建专门的卖家网站，然后他才能把所要卖的商品摆在设计好的网页。可想而知这当中的过程有多费时费力，更不用提后续为了提升网站服务性能的资金投入。再加上资金有限，服务器的规模也受到了一定限制，这对电子商务的网站是一个硬伤。倘若该商品受到热烈追捧，网站访问量人数可能会发生急剧上升，交易数可能也会呈现猛烈上升的趋势，而服务器受硬件客观条件约束，会很容易造成瘫痪。这类事情的发生不仅给卖家带来经济上的损失，也会导致失去大多买家的信任。基于云计算的电子商务平台，同样是卖家，而他所考虑的问题比前面的卖家要简单的多，他的心思都用在怎么使用高性能的相机或单反把商品的图片拍摄好、用什么样的语言去描述商品能让买家更详尽地了解商品的功能和搞些促销活动吸引买家的眼球赚点击量。是的，此时的卖家可以完全不理会云电子商务平台服务提供商的硬件设施怎么怎么样，也不用担忧往后的升级服务。卖家通过购买了此平台的服务，他获得一个进入此平台的卖家入

口账号，就可以在该网站销售商品了。这相比之下，同样是买卖，后者确实省事多了。

7.3.2　这片云给电子商务带来了什么

1. 降低了电子商务的成本

结合云计算的核心理念，利用集中起来的硬件资源搭建成一个庞大的服务集群，通过接入互联网，为电子商务的各种作业提供了强大的处理技术支持，同时，使得用户终端的软硬件设备压力急骤下降，只需接入互联网，就可以进行电子商务活动。如前面举例说明，基于云计算的电子商务，降低了电子商务网站建设对软硬件设备的投入。尤其是在硬件设施更新换代比较频繁的网络时代，降低机器硬件更新换代的频率对成本的高低有直接的影响。而利用分布式计算的云计算技术，能够为电子商务提供一个虚拟的数据中心，把大量的分布式计算机上的内存、存储和计算能力集中起来成为一个虚拟的资源池，并通过网络为用户提供服务。这种云服务低价甚至免费，拥有专业的维护人员，电子商务企业无需再培养云计算技术人员，大大降低了企业的成本投入，提升了企业的电子商务发展能力。

2. 扩大电子商务的交易范围

以往说起互联网终端用户，大家也只能想到使用一台主机、一屏幕、一鼠标、一键盘组合起来的接入互联网的终端用户。而随着无线通信网络技术的发展和无线移动通信设备的出现，移动式的电子商务逐渐被人们所认可。人们通过手机、平板等任一能接入互联网的设备都可完成电子商务活动。超高性能处理的云电子商务能很好地满足移动电子商务对终端的运算能力、信息传递能力和信息安全能力等高要求，这使得移动电子商务在商务界里大放异彩。

在线购物还指的是守着一台传统意义上的电脑的网页购物么？答案是明显否定的。走在某大街上、稳稳地坐在某公园的长椅上或者正在搭乘高速移动的高铁里，只要有接入互联网的移动设备，你都可以在线购买你想要的商品。云电子商务更具有人性化的电子商务管理，让人们的商务活动的范围更为宽广和灵活。

3. 超强的计算能力

人们常提到云计算提供的服务物美价廉，通常指的是云计算提供的计算模式拥有与超算媲美的计算能力，而它的价位却远远低于超算的。基于云计算的电子商务可以利用它的计算能力来快速完成用户的各种业务要求，实现普通计算环境下难以达到的数据处理能力。同时通过云计算调度策略，对数万乃至百万的普通计算机之间进行集结来为用户提供超强的计算能力，因而，用户能够完成使用单台计算机难以完成的任务。在“云”中，当提交一个计算请求时，云计算模式将根据需要调用云中众多的计算资源来提供强大的计算能力。这种计算模式中，不管是企业级用户还是个体用户，都能感受到在云电子商务中的高性能处理区别以往传统电子商务的处理能力。

4. 提供可靠安全的数据存储中心

传统的电子商务抵御外来的入侵者的能力往往有限，对历史病毒有所防御，但对于变异或者新型的攻击也通常措手不及。电子商务规模随着互联网的深入人心而不断发展，这当中的信息资源建设的投入也随之不断扩大。而互联网的飞速发展也带动了网络上病毒的流行和黑客的活动猖獗，电子商务中的数据存储的安全和可靠受到严峻挑战，企业和用户都受到信息安全问题的困扰，但加大信息安全投入并没有结束这一窘境。而基于云计算的电子应用不仅能够改善上述企业电子商务应用的安全性，而且能够享受到由云计算服务提供商提供专业、高效和安全的数据存储。云计算可以为企业、用户提供可靠和安全的数据存储中心。使用云计算服务，将数据存储在云端，不需要担心由于病毒和黑客的侵袭或者由于硬件的损坏而导致的数据丢失问题。

如今，云电子商务已逐步渗入人们的日常生活中，对于那些不爱逛街的人来说，不用忍受逛街带来的奔波劳累就可以买到喜欢的东西，也不失为一个很棒的选择。云电子商务不仅仅是应用在了生活中，企业之间的各种业务往来也越来越喜欢通过云电子商务进行。而这些表面简单的操作过程其实背后往往涉及大量数据的复杂运算。当然，我们看不到这些，这些计算过程都被云计算服务提供商带到了“云”中，我们只需要简单地操作就可以完成复杂的交易。

7.4　飘向电子政务

“加强重要信息系统建设，强化地理、人口、金融、税收、统计等基础信息资源开发利用。以信息共享、互联互通为重点，大力推进国家电子政务网络建设，整合提升政府公共服务和管理能力。”

——党的十七届五中全会《中共中央关于制定国民经济和社会发展第十二个五年规划的建议》

该建议从战略高度全面提出了我国电子政务发展思路、目标和重点，标志着我国电子政务 2.0 时代的到来，对框架服务体系研究和应用将更加深入。

电子政务是政府管理手段的又一次变革，跟随信息时代的步伐，融合现代信息和通信技术的优势并将其运用到管理工作、服务职能中。这种管理方式不仅改善了政府工作流程和组织结构中的不合理之处，并且突破了传统政务中时间、空间和部门分离的限制，使其更为合理地向社会大众提供优质服务。这有助于塑造群众心中政府为人民服务的端正形象，同时也有助于推动政府政务走向透明化、亲民化的节奏。

起步阶段的电子政务，政府的官方网站也只能实现发布信息的基本功能，没有互动服务功能。接着，电子政务发展经历了单向主动—双向互动—政务处理阶段。在单向主动阶段，互动比起步阶段稍微频繁，但访问该网站的群众也处于被动的互动中，这种互动主要由政务人员在官网发起，而由网民响应，这往往调动不了群众的积极性，这种被动是很明显不利于群众与政务人员之间的沟通。双向互动阶段，电子商务基本可以实现民意与政务结合的目的，但管理手段还尚缺丰富，交流方式较为单一，互动的时间范围跨度大，并没很好地达到预期的效果。这之前的电子政务都属于早期阶段的，其平台属于桌面方式。而后来出现了服务器平台，就到了政务处理阶段，专业化的政府服务网站日益增多，服务内容更加丰富，功能不断增强，互动性得到很大提高，行政效率也得到了提升。

纵观电子政务的发展史，每一次向前迈的步子都离不开科学技术的发展。现阶段新技术热潮还在不停达到另一个新的高度，移动办公和云政务中心的出现似乎在展示这片云已经缓缓向电子政务方向上停靠了，云计算将如何引领电子政务走向一个新的高度？随着国家对政府信息化工作的

要求逐步提升，相信未来数年，云计算技术的应用在电子政务建设中将成为重要趋势。随着“政通云和”的逐步实现，我国的政务信息化水平将提升到一个更高的台阶。

下面将继续引领你走入云中的电子政务！

云电子政务是基于云计算模式下的改革的电子政务，通过它可以优化政府管理和服务职能，同时也可以提高政府工作效率和服务水平。简单地说，它就是在技术层面“构建了统一的政府底层 IT 基础结构”。电子政务云可以把政府的 IT 资源整合为服务，以供居民、企业和所属机关部门共享使用，从而提高政务 IT 资源的利用率。

以下将从三个方面剖析它的优势之处：

(1) 建设云电子政务能节约搭建政府电子政务平台的开销，从而降低国家这方面的财政支出。

由于云电子政务致力于将全国各部门、各地区的电子政务政府采购的支出集中起来统一用于建设，通过资源共享和硬件复用机制，所花费的搭建费用显而易见会比分散建设的开支减少许多。根据谷歌和微软两大巨头的相关数据表明，云计算确实比数据中心计算成本便宜很多。而云计算不仅能在计算方面发挥规模效益，而且在采用诸如虚拟化等新技术方面还能降低运行成本。比如，虚拟化技术可以提高硬件使用效率、动态调整资源、节约硬件投入，整体上也可以减少成本投入。因而，建设电子化政府云计算平台将极大地降低国家财政支出。

(2) 提供有力的后台保障。

当前，政务门户网站用户数量呈现惊人的上升趋势，内容也日趋多媒体化，政务信息公开文件往往会包含大量的图片和视频信息，因而政务网站需要存储或者处理这些海量数据，通过以 IaaS 为核心的云计算中心作为有效支撑。IaaS 的特点如前面介绍，它能提供给用户信息服务，同时降低 IT 管理复杂性以及并有强大的实时响应能力。随着政务信息资源开发利用的深入，数据大集中以及信息交换对计算能力的要求也很高。结合云计算 IaaS 模式的电子政务可以解决上述问题，并能减少传统政务数据中心建设和运行的成本。依靠这种模式，政务门户网站不再担忧基础设施经常有大大小小毛病的发生，更不用担心高访问量时使服务器崩溃的后果。

(3) 实现政府部门间信息联动与政务工作协同。

传统的电子政务平台一般都是由以地理区域划分政府门户各自搭建的官方网站，其规模受多方面客观条件限制，其应用范围往往是有限的，更不用说跨地域的政府部门之间数据信息资源的共享。而基于云计算模式下的电子政务同样具有云计算“资源共享”的优点，而这将会带动电子政务信息交换平台进入全新的阶段。通过此交换平台的应用，在政府部门内部之间、区域内政府部门间和跨区域政府部门之间建立“信息桥梁”，将各单位的电子政务系统接入到云平台之中，通过云平台内部信息驱动引擎，实现不同部门电子政务系统间的信息整合、交换、共享和政务工作协同，简化了不同部门之间数据资源整合的繁琐流程，大大地提高各级政府机关的整体工作效率。

7.5　飘向制造产业

一个国家的制造产业水平往往被看成是衡量一个国家工业化程度高低的重要指标，同时也是各行业产业发展、技术进步的重要保障和国家综合实力的集中体现，它具有产业关联度高、吸纳就业能力强、技术资金密集等特点。换句话讲，要使我国的制造业跟上时代前进的步伐，真正强大起来，就需要不断提高企业的创新能力。

众所周知，创新的妥善运用能较大地改善甚至可以颠覆性改变一种技术、服务。创新往往是打破人类思维枷锁的首要因素，能让注入其因素的对象达到由量向质的跃进效果。而提高创新能力首先需要什么呢？没错，是先进的创新工具。这也正是本节要介绍的云计算模式带给制造产业的发展契机。

1. 制造产业的契机

正如前面多次提及，云计算现作为一种新型服务计算模式，各界人士对它的研发还在继续，近年来，它的发展从一开始的纯概念提法到渐渐进入正轨有着大好的发展前景。云计算的运营模式是由专业计算机和网络公司(即第三方服务运行商)来搭建存储、计算服务中心，把资源虚拟化为“云”后集中存储起来，为用户提供所需的服务。由此而引发了对这种服务模式在制造产业上的思索。这种服务模式能否应用在制造产业上呢？不

难想到，如果把“制造资源”来代替“计算资源”，云计算的计算模式和运营模式将可以为制造业信息化所用，为制造业信息化走向服务化、高效低耗提供一种可行的新思路。

制造业在新技术应用方面已经具备了相当的规模和应用基础。从“八五”时起到“十一五”期间，我国在制造业领域相继开展了计算机集成制造、并行工程、敏捷制造和网络化制造等相关技术的研发和应用，取得了显著成果。此外，在信息技术的发展方面，物联网、语义 Web、嵌入式系统技术、高效能计算等新技术的不断成熟，在虚拟化、优化调度、协同互联、终端物理设备智能接入、开展大规模协同制造等方面，为实现云制造提供了技术可能性。

在这样的背景下，“云制造”的理念应运而生。

2. 走近云制造

与云计算相似，云制造也是一种新型服务模式——一种面向服务、高效低耗和基于知识的网络化智能制造新模式。众多技术集成背景下，它融合现有信息化制造、云计算、物联网、语义 Web、高性能计算等新型技术，利用对现有网络化制造与服务技术进行延伸和变革，将各类制造资源和制造能力虚拟化、服务化，并进行统一、集中的智能化管理和经营，实现智能化、多方共赢、普适化和高效的共享和协同，从而通过网络为制造全生命周期过程提供可随时获取的、按需使用、安全可靠、优质廉价的服务。制造全生命周期过程包括制造前阶段(如论证、设计、加工、销售等)、制造中阶段(如使用、管理、维护等)和制造后阶段(如拆解、报废、回收等)。

云制造组成体系由制造资源/制造能力、制造云、制造全生命周期应用三大部分构成。而在整个云制造体系的运转过程中，知识模块扮演着核心支撑的角色。知识模块能够在制造资源和制造能力的接入过程中为智能化嵌入和虚拟化封装提供认知和决策支持；在制造云管理过程中，为云服务的智能查找等功能提供匹配历史记录等支持；在制造全生命周期应用中，为云服务的智能协作提供支持。由此也可以这样描述云制造体系：它能够实现基于知识的制造全生命周期集成，并提供了一种面向服务的、高效低耗和基于知识的网络化智能制造新模式。

图 7.3 呈现了云制造应用模式。云制造模式大致分为三种角色层次：

云制造平台、行业用户和服务平台。云制造平台处于中间层，充当着行业用户和服务平台的中间件。它不仅负责制造云管理、运行、维护以及云服务的接入接出等任务的软件平台，而且也会对用户请求进行分析、分解，并在制造云里自动寻找最为匹配的云服务，通过调度、优化、组合等一系列操作，向用户返回解决方案。而对于行业用户，无需直接和各个服务节点打交道，也无需了解各服务节点的具体位置和情况，当需要某种服务时，只需向云制造平台提出具体的使用请求。服务平台也只需对应云制造平台一系列分析处理等候内部资源管理模块所反馈的资源请求提供相应的资源，省去了和用户直接打交道的时间，也更加便于对各类资源的统一管理。依照上述的处理过程，不同行业用户都能体验到能够像使用水、电、气一样方便地使用制造资源和制造能力。

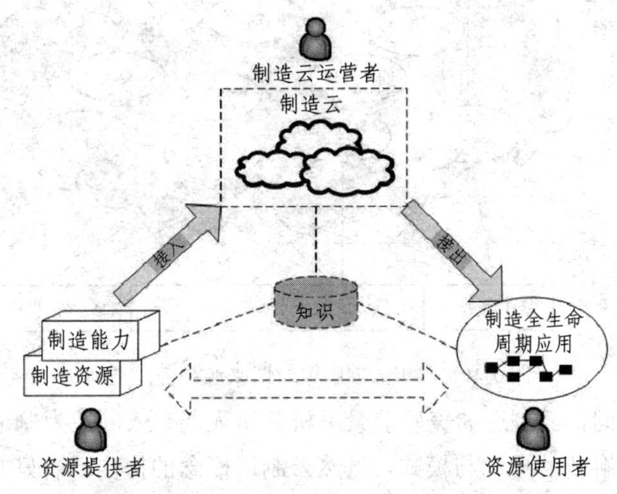

图 7.3　云制造机制原理

3．云制造的路还在继续

回望各种技术的发展史，也只有能落实到具体运用的技术才能更好地发展和更好地向人类提供服务。对于当前业界的广大制造企业而言，实现云制造仍具有一定门槛。

国内少数企业开始出现“云制造”模式的雏形(参见图 7.4)，逐渐形成把做不完的单子外包给其他企业共同完成的服务模式。“中小企业云制造服务平台关键技术研究”启动，针对广东省珠三角地区产业集群度高的特点，以模具、柔性材料制造行业的中小企业产业集群为典型行业对象，结合“云计算”方面的最新技术，开展支持产业集群协作的中小企业“云制造”服务平台开发和系统构建研究，形成具有商业化运作能力的中小企业云制造服务平台运营模式。虽然当前的信息化技术已经完全可以做到对区域生产资源的清晰掌握。但这距离云制造还有很长一段路要走。

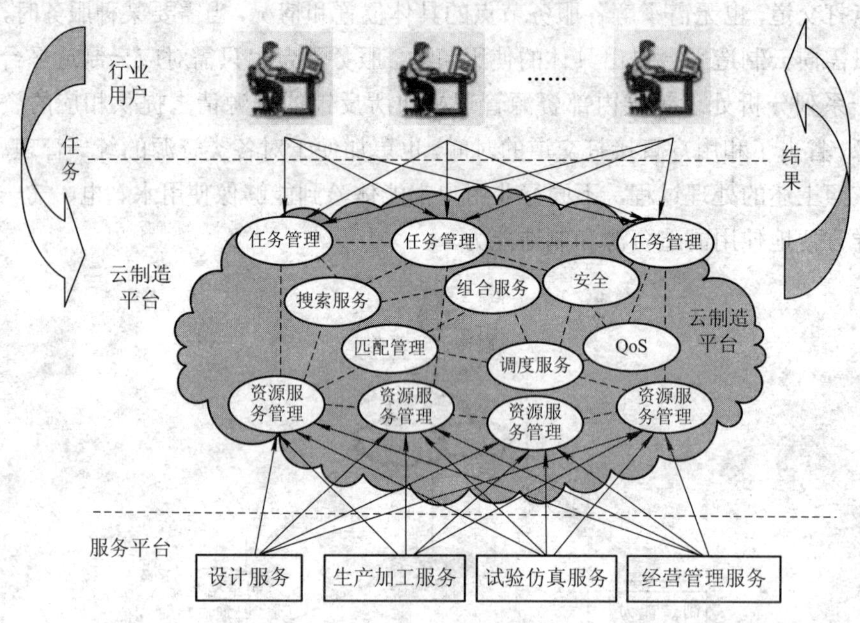

图 7.4　云制造应用模式(图来源：云制造概论)

毫无疑问，云制造的美好前景是极其诱人的。云制造为制造业信息化提供了一种崭新的理念与模式。虽然云制造概念的提出已有好几年，但云制造仍具有巨大的发展空间。云制造的研发与实践“落地”工作需要依靠政府、产业界、学术界等多方联合与共同努力。云制造的应用将是一个长期的阶段性渐进过程，而不是一蹴而就的项目工程。云制造要求制造企业具有良好的信息化基础，并且实现了企业内部的信息集成与过程集成。云制造的未来发展仍面临着众多关键技术的挑战。除了云计算、物联网、语义 Web、高性能计算、嵌入式系统等技术的综合集成，基于知识的制造资源云端化、制造云管理引擎、云制造应用协同、云制造可视化与用户界面等技术均是未来需要攻克的重要技术。

第三部分

展望篇——云计算的发展与未来

为什么大家都喜欢云？天空中大量云滴构成的云，远观有形，近观无边，千姿百态，漂移不定，有时如朵朵棉花，有时一泻千里，或淡或浓。正是云的变幻莫测，令我们惊奇、赞叹、神往。然而人工智能带来机器算法终究是不带感性色彩，当云生活无处不在，也正像电器时代那样，重新塑造我们的经济、文化和社会，但同时也不能不警惕，便利的同时我们会发生什么样的变化。当服务器遭受破坏，我们的数据安全吗？它们会被邪恶的人利用来作恶吗？在构筑这片“云梦想”时，“云”安全吗？“云”的未来又将走向何处？

第 8 章 <<<<<<<<<<<<<<<

让云走得更远

8.1　保驾护航——云安全

云安全这一概念的提出绝不是偶然。这就好比一件产品的推出和普及大众的过程，总需要向使用产品的那些人介绍它的用途，还要在一定程度上保证它不会给人们带来一些副作用——无公害。云计算这一概念早在2008年开始频繁地出现在商业模型里、IT行业里，甚至人们日常生活里。虽然研究云计算的学术界的专家们还未能对云达成一个统一的说法，但这丝毫不影响它生机勃勃的发展。云计算是一种大规模商业模型驱动下产生的一种计算模型，它未必是计算模型的终结者，但它的出现确实是一场新的技术革命。它试图向计算机行业技术专家们甚至各行各业非专业人士描述一个美好的愿景：云用户可以通过云平台按需付费使用所需要的资源，这里面产生的费用相对于昂贵的计算硬件设备购买、维护的费用是极其微少的。

云计算核心思想受到热切的关注，不仅受到个体用户的追捧，还有大大小小的企业的青睐。热度也同时引发了用户对其安全性的考量——云平台是这样的一个服务产品，但谁来保证它的无公害性呢？云服务的获得是通过互联网访问的，互联网和云挂靠在一起的安全由谁来担当呢?

这一系列需要解决的云平台潜在安全问题越来越迫切，催生云计算发展了另一分支——云安全。云安全这一概念是由传统防病毒厂商最早提出的。它的出现和云计算一样颇具争议，甚至有人怀疑其可行性。值得一提

的是，现在学术界和非学术界都普遍接受了这一概念，同时，中国网络安全企业在云安全技术应用上走在了世界前列。

云安全最初的理念描述了用户通过互联网与安全平台紧密相连，每个参与的一方(包括用户和平台提供商)都是云安全的贡献者，同时也是受益者，这组成了一个覆盖范围非常广的监测网络——对病毒、垃圾邮件、木马、恶意软件和钓鱼网站等内容监测。随着云计算的关注度越来越高，关于云安全的研究也得到了很大的深入。上面所提到的早期的云安全思想只是云计算理念在安全领域的一个具体应用。

当前云安全的思想大致包含两个层面：

(1) 云计算应用自身的安全。这方面涵盖了云计算应用系统及服务安全、云用户信息安全等安全问题，它是各类云计算应用健康、可持久发展的前提。

(2) 云计算应用在互联网信息安全领域的具体应用和衍生。将云计算技术迁移到安全领域中，改变以往的单机防御传统套路，分布在全网的安全节点、安全云中心超大规模的计算能力可全面提升安全系统的能力，提升了互联网信息安全度，为安全互联网化提供了可能。这个也是当前网络信息安全领域广受关注的技术热点。

本章接下来的小节将为你揭开云安全产品的神秘面纱！

8.2　安全产品的云化

2003 年由刘鹏教授提出的反垃圾邮件网格技术为云安全技术的发展做了很好的铺垫。垃圾邮件的狂轰滥炸急剧增大了互联网的负载，更让用户们苦不堪言。反垃圾邮件技术出现之前，本地计算机里安装的反病毒软件还不能删除这些垃圾邮件，人们只能手动删除这些“不请之客”，垃圾邮件的数量是惊人的庞大和执着的，因而消耗的人力资源也难以盘算清楚。反垃圾邮件网格技术针对垃圾邮件“一次发送，n 个用户接收”的特点提出了一种过滤垃圾邮件的对策：通过分布式统计和分布式贝叶斯学习，将互联网里的成千上万的主机协同起来布下一个拦截垃圾邮件的天罗地网。反垃圾邮件网格技术的成功启发了传统病毒安全软件对云计算应用在安全领域的思考。继趋势科技推出云安全的相关概念之后，各大传统杀毒厂商先后研究和出台了自己云化的安全产品。

1．趋势科技的“SecureCloud”计划

趋势科技是国内云安全产品研究的先行者，在云计算应用安全领域已取得了骄人的成绩。

趋势科技云安全技术有六大法宝：

(1) Web 信誉服务——以恶意软件行为分析技术为依托，为用户浏览的所在网站页面、历史位置变化和可疑活动迹象等因素指定信誉分数，以此来追踪网站的可信度。这些信誉分值并不是固定的，会随着时间和分析结果而变化。通过对比信誉分值，用户就可以知道某个网站潜在的风险级别，并且可以及时获得系统提醒或阻止，用户快速地确认目标网站的安全性。

(2) 电子邮件信誉服务——将发送者的 IP 地址和已知垃圾邮件来源信誉数据库对照，同时利用可以实时评估电子邮件发送者信誉的动态服务对 IP 地址进行验证。通过分析和细化 IP 地址的活动范围以及历史行为对其进行信誉评分。被判定为垃圾邮件的发送者 IP 地址会自动在云中被拦截，网络或用户的计算机则不会受其干扰。

(3) 文件信誉服务——通过公认的防病毒特征码，包括已知的良性文件清单和恶性文件清单，可以检查位于端点、服务器或网关处的每个文件的信誉。为使检查过程中使延迟时间降到最低，将高性能的内容尽可能往网络和本地缓冲服务器分发。这种处理措施降低了端点内存和系统的消耗。

(4) 行为关联分析技术——通过行为分析的“相关性技术”将威胁活动综合联系起来，判断其是否属于恶意行为。由于 Web 多项威胁行为的糅合可能会导致恶意结果，因而需检查潜在威胁不同组件之间的相互关系，按照启发式观点来判断是否实际存在威胁。通过把威胁的不同部分关联起来并不断更新其威胁数据库，做出实时响应，提升了用户 Web 体验。

(5) 自动反馈机制——类似社区采用的“邻里监督”方式，实现实时探测和及时的“共同智能”保护，趋势科技的产品与公司的全天候威胁研究中心和技术之间建立了双向更新模式，这种更新模式有助于确立全面的最新威胁指数。单个客户常规信誉检查发现的每种新威胁都会自动更新趋势科技位于全球各地的所有威胁数据库，往后的用户使用的产品就能自动识别已经发现的威胁。

(6) 威胁信息汇总——TrendLabs 是一个全球性的防病毒研究网络及产品支持中心，它作为趋势科技服务基础设备的支柱，为趋势科技全球客户提供 7 × 24 小时不间断的病毒防护服务。TrendLabs 时刻监控着潜在安全威胁，对紧急支持需求做出快速回应。综合应用各种技术和数据收集方式（包括“蜜罐”、网络爬行器、客户和合作伙伴内容提交、反馈回路以及 TrendLabs 威胁研究）获得关于最新威胁的各种情报。通过趋势科技云安全中的恶意软件数据库以及 TrendLabs 研究、服务和支持中心对威胁数据进行分析。TrendLabs 研究人员的研究将补充趋势科技的反馈和提交内容。

趋势科技以上的要点技术在它推出的产品有所体现(Worry-Free 系列、PC-cillin 系列、防毒墙系列等)，其云安全防护产品针对用户数量类型划分为个体用户(1～5 人)和企业用户(5 人以上)，企业用户又分小、中和大型级别。同时也针对移动设备(平板、智能手机)推出了一系列的云安全防护应用。

趋势科技针对个体用户结合当前社交平台热点推出了一款杀毒云安全防护软件——PC-cillin 2013 云安全版，它具有超强社群防护机制，能主动预警在新浪微博上的隐私设定安全漏洞，杜绝个人信息外泄，也支持人人网、朋友网等社交平台的安全防护。

用户体验：安心浏览新浪微博、Google+ 等多种超人气社群网络，不怕隐私曝光，享受安全无虞的社群网络生活。

2. 瑞星“云安全”计划

将用户和瑞星技术平台通过互联网紧密相连，组成一个庞大的木马/恶意软件监测、查杀网络，每个云用户都为“云安全”计划贡献一份力量，同时分享其他所有用户的安全成果。参与的用户越多，网络越安全。

图 8.1 所示为瑞星云安全原理。

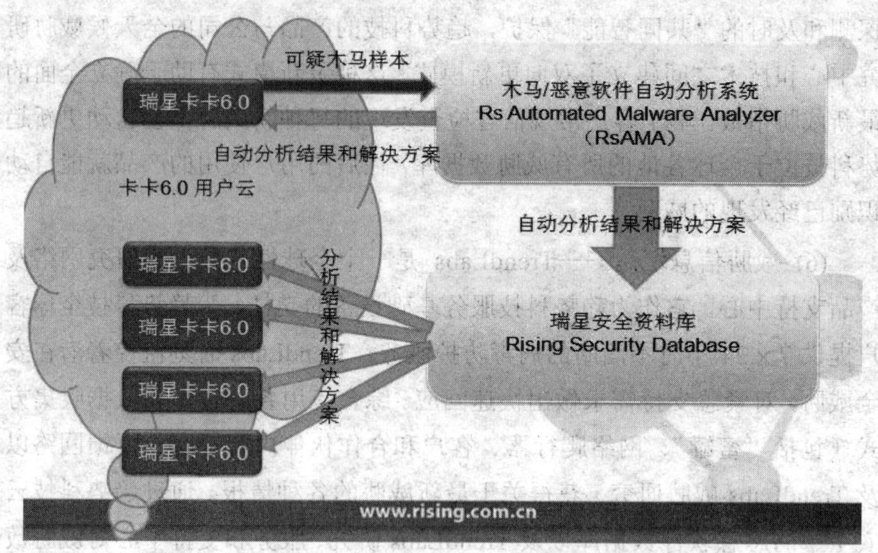

图 8.1 瑞星云安全原理(来源于 www.rising.com.cn)

“瑞星卡卡 6.0”的“自动在线诊断”模块，是“云安全”计划的重要组成部分，一旦用户启动电脑，该模块便自动检测并提取电脑中的可疑木马样本上传到瑞星“木马/恶意软件自动分析系统”，这整个过程只需要几秒钟。然后 RsAMA 将把分析结果反馈给用户，查杀木马病毒，并通过瑞星安全资料库将病毒特征分享给其他所有“瑞星卡卡 6.0”用户，之后用户遇到相同的病毒，用户本地查毒软件即可识别，随后进入杀毒环节。

瑞星卡卡 6.0 是瑞星 2008 年推出的一款数兆大小的安全工具，但其幕后支持不可小觑——国内最大的信息安全专业团队，它是瑞星“木马/恶意软件自动分析系统”(RsAMA)和“瑞星安全资料库”(RsSD)，同时共享着数千万其他瑞星卡卡 6.0 用户的可疑文件监测成果。截止 2013 年 7 月 20 日前，瑞星安全助手是目前瑞星最新主推的一款云安全软件，其沿用了瑞星卡卡 6.0 的占用空间小和具有自主查毒杀毒功能等优势的基础上，还能自主防御外来的黑客攻击、网络诈骗和满足电脑日常需要(系统优化和修复等)。

3. 金山网络云安全

伴随着金山毒霸 2009 的发布，云安全的理念已经应用到了毒霸系列

安全产品之中，并在处理病毒性能方面获得了很大的提升：病毒库病毒样本数量增加 5 倍、日最大病毒处理能力提高 100 倍、紧急病毒响应时间缩短到 1 小时以内。图 8.2 所示为金山毒霸 2013 软件界面。

图 8.2　金山毒霸 2013 软件界面

金山毒霸云安全是为了解决木马商业化的互联网安全形势应运而生的一种安全体系结构。“云安全”是现有反病毒技术基础上的强化与补充，最终效果是为了让互联网时代的用户都能得到更快、更全面的安全保护。

金山毒霸 2013-新毒霸(悟空)是金山最新推出应对互联网安全的一款安全软件，其不仅可以保护系统日常安全，同时也保护了用户在使用互联网行为的安全。“一键云”查杀通过互联网相连的庞大服务器端，结合本地病毒库对扫描到的可疑文件及行为进行分析和处理(隔离、删除或恢复)，及时对病毒库进行更新。“安全购”是对现今热门网购推出的保护技术，当用户打开存在欺骗行为记录、不法牟利和存在钓鱼的非法网站时，对用户提示拦截或警醒；对已知合法购物网站进行安全标签贴示以供用户容易识别。如某用户想通过铁道部官方渠道网购一张火车票回家，他又记不清楚整个网址，在百度里键入 12306 字样，出来很多搜索结果，这当中不乏恶意钓鱼网站刻意模仿官方网站风格误导用户，这种状况下，如果用户对网址和域名都不太了解是比较难辨别真伪的而金山毒霸的“安全购”不仅检测当前用户电脑里存在的一些购物漏洞，还提供购物安全保障(领取免费毒霸购物保险，用户如果因为毒霸网购造成网购损失可获得相应赔付)，通过“安全购”平台可以进入互联网上任一合法的购物网站(毒霸能保证其合法)，这样为用户省去判断真伪的时间。金山毒霸 2013-新毒霸还提供了便民服务——话费充值、快递查询等服务。

8.3 云计算标准化的一二三事

云计算不是一项特定的技术或产品，就如前面所阐述的，它是商业发展驱动产生的一种计算模式(使用模式)，能够实现这种模式的任何技术都可以置于云计算的使用场景中来。这里面涉及的技术领域是比较广泛的，因而将某种特定的技术和云计算等同起来是不准确的，也是狭隘的。无论对于个体用户，还是规模不一的企业来讲，用一朵云来覆盖全世界的需要是远远不够的，同时也是难以可行的。单一的云计算中心，可以想象得到需要接入的终端负载是何其之大，而客观上要求接口统一易于实现数据共享的目的与众多标准不一的设备终端难以协调等，这些客观因素都似乎在向我们揭示未来的云是多种类型的！在众多各异的云中，使用者如何能够自如切换这些云服务？多个云共存的环境里，不管是从提供商的角度还是用户的角度出发，云之间的互联必须兼容，这样彼此才能实现数据、应用的互联互通。因而建立云计算的标准对于云计算的推广应用有极大的推动作用，其重要性有以下几点：

(1) 云计算标准化更利于用户作业，用户对不同云服务选择更加灵活，因而云服务商也会注重提升云产品和服务质量，这也在一定程度上保障了用户的利益。

(2) 云计算标准化提供的云服务更趋向规整化，有利于在政府、教育部门等公共组织部门普及使用。

(3) 云计算标准化有利于云计算产业的稳定秩序。

(4) 云计算标准化有利于推进云计算产业的发展，其标准化提供的统一接口将吸引更多创业型公司参与云计算市场中来，为云计算产业注入新生血液。同时，也避免了大企业对云的垄断。

有句古话说得好，无规矩不成方圆。毋庸置疑，云计算作为当前各界的一大热点，它的推广意义非凡，其标准化的相关研究已成为国际上研究的一大热点，同时，国内也积极参与和推动国际云计算标准化相关工作。现国际上已有一些组织和团体在进行研究云计算相关的标准化工作，主要有开放云计算联盟(OCC)、分布式管理任务组织(DMTF)、企业云买方理事会(ECBC)、云安全联盟(CSA)、开放云计算工作组、开放网格论坛(OGF)、云计算互操作论坛(CCIF)、美国国家标准与技术研究院(NIST)、结构化信息标准推进组织(OASIS)、欧洲电信标准协会(ETSI)、网络存储工业协会(SNIA)和开放式云计算战略联盟等组织。国内组织主要有 ITSS 云计算服务专业组(SOA 标准工作组云计算专题组)、中国通信标准化协会和中国电子学会云计算专家委员会等组织。各个标准组织从自身发起时确立的目标出发，专注于云计算不同领域的标准制定。

8.4　云计算带来的产业变革

首先来回顾下历届中国云计算大会已经成为云计算产业发展的标志性事件。

2009 年，第一届中国云计算大会讨论云计算领域和范畴。

2010 年，第二届中国云计算大会界定云计算热点技术和应用。

2011 年，第三届中国云计算大会讨论与传统运营商关系，分享云计算实践经验。

2012 年，第四届中国云计算大会正式定义该年为“云计算实践元年”，成为云计算从业人员心目中实至名归的产业与技术盛会。

2013 年，第五届中国云计算大会以国际视野的全新角度，洞悉全球云计算变革的趋势。从应用及实践的角度剖析，探讨云计算与大数据、云计算与移动互联网、云安全及云计算行业应用。

自2006年Google首席执行官埃里克·施密特在搜索引擎大会上首次提出“云计算”的概念至今，全球云计算蓬勃发展，已经取得了显著进展。国内外电子信息通信厂商(ICT)纷纷加大研发力度、积极布局和实施云战略。欧美国家作为产业领跑者，逐渐形成了由软硬件平台提供商、系统集成商、服务运营商、应用开发商等组成的云计算产业链。欧美等发达国家的政府也在积极引导和推动云计算发展，如美国、英国、德国等政府近两年均先后发布指导性文件，将云计算发展纳入其国家整体发展战略，并推动政府示范应用，带动产业发展。

同欧美发达国家相比，中国云计算发展依然存在着一定差距。还有一些问题急需解决：核心技术不足、产业链不完整、服务和应用规模不大、商业模式创新不够等。为此，国家相关主管部委先后推出有关指导意见，支持和鼓励包括云计算在内的新一代信息技术、产业与应用的发展。国内研究机构、互联网企业、电信运营商、独立软件供应商及ICT硬件设备制造商等积极合作、凝智聚力、勇于实践，有力地推动了云计算发展，并取得了一系列的进展。云计算行业应用逐步深入，产业链逐步完善、云计算服务种类和应用规模进一步扩大，大数据大带宽所带来的产业突破一触即发。

云计算被公认为全球范围内最值得期待的技术革命，这句话一点也不为过。它象征着不是一种特定新技术的产生，而是因技术而引发的整个产业的一次变革。它的提出颠覆了传统产业的旧模式，向人们展示了全新的信息时代——“云时代”即将到来。时间和技术上的沉淀积累使得它开始成为全球信息产业发展的主流，这一演化过程显得再自然不过了。新兴的移动互联网技术、不断提高的计算能力，以及快速普及的数字化通信推动产业变革并催生新的商业模式，这一切都在共同促发着经济发展和商业竞争的新格局的形成。而云计算往后的全面发展将打破传统行业的限制——硬件、地域、资源等，极大地推动对信息处理的需求，使其如现今使用日常生活中水、电等那般容易供人们使用。

以下是云计算的三个特征。

(1) 化繁为简。将复杂的技术、架构、平台“内化”在云中(这可以从我们现在常说的SaaS、IaaS和PaaS中体现出来)，多从终端用户角度进行

设计、开发与部署云用户端，使终端用户区分开以往计算机提供的服务，感受到使用云服务是一件极其简单的事情。

(2) 数据、软件和服务同是云计算的核心部分。狭义上来看云，云相当于一个大的资源融合中心，类似于现在我们所说的数据中心，但其不仅仅是硬件和数据中心，更不能等同于建设数据中心。现在所提到的“云”中心，往往是在规划用地、建设云计算科技园区之后，然后配备若干计算、存储和网络硬件设备。

(3) 实现云计算的全面发展还需要一个漫长的过程。云计算现恰好就处在这样一种状态：它确实是一个新的架构、整个信息产业发展的一个大方向。但是由于过分渲染和炒作，让大众感觉转瞬间就会发生翻天覆地般的变革，其实并非如此。云计算取得的成果不是一蹴而就的，它未来的发展也是如此。

目前，普通大众大部分都还是依靠传统计算机安装的系统软件完成日常工作——处理文档、存储资料，通过电子邮件或U盘与他人分享信息。一旦主机硬盘坏了绝对是一件令人头疼的事情，数据丢失造成的损失可大可小也难以估计。云计算的出现带来的变化不仅仅是可以很好地解决前面头疼的问题，而且带来了一场革命性的技术变革，如一场来得及时的春雨甘露滋润大地。它的到来，转变了人类的思维方式，改变了人类的生活方式，让社会各行业信息化和智能化程度显著提高，引发了传统的商业模式、计算模式和网络基础架构的变革，促进产业往优化的方向发展，推动社会进步。

云计算推动产业变革的三种模式如下：

1. 转变商业模式

近几年互联网蓬勃发展，以在线广告为代表的后向收费商业模式开始融入网络视野内并渐渐深入人心，运营商、服务提供商，甚至是以往专注于终端研究的Apple、IBM、Nokia等传统设备厂商也不约而同向信息服务转型。这种“服务理念”几乎获得行业的认同，而它恰好是云计算的核心。云计算致力于整合起计算资源、存储资源、网络资源、硬件设备资源等，意为打造一个统一管理、自动部署、高效运转和分配的弹性资源池，然后通过互联网技术提供高可扩展性、即付即得、按需付费的服务。这也就是前面所提到的 SaaS(软件即服务)、PaaS(平台即服务)、IaaS(基础设施即服务)等。正因如此，云计算可以帮助厂商将其产品、资源都转换成“服务”的形式呈现给用户。一场由云计算引发商业模式的巨大变革正在业界蔓延着。

2. 转变计算模式

前面提到云计算的特征：化繁为简。这也是云计算的一个核心理念，即不断提高“云”的处理能力可以减轻用户终端的负载，将用户终端简化成一个单纯的输入/输出设备，并能够按需使用“云”的与超算媲美的计算能力。这让用户基本摆脱硬件设备的困扰，不用因为计算机的更新换代而花费高价购买更高级的设备、就连维护设备的开销也得到节约。云计算解放终端的思想，将改变整个产业的思维方式！

纵观整个 ICT 产业发展历程，从主机时代到互联网时代再到即将到来的云时代，每一次计算模式的变革都会引发一场产业变革。但云计算时代的到来将有可能给产业带来一场颠覆性的变革。虚拟化、弹性计算将成为云计算时代技术的重要组成部分，而按需服务、低成本、绿色通信、即付即得则将成为云计算时代最具代表性的行业特征。

3. 转变网络基础架构

云计算可以提供一种新兴共享基础架构模式，它将巨大的系统池连接在一起，将通信、IT、计算等资源整合起来，按需为客户提供弹性服务。云计算服务广泛地应用了虚拟化技术和弹性计算技术，基础设施的优化目标对象并不是某些特定的用户，而是所有的用户。基于云计算技术的网络基础架构可以极大程度地避免资源浪费，顺应“三网融合”的大趋势。电信网、广电网、互联网可以充分整合，共享基础设施，让运营商、服务提供商、互联网内容提供商更加专注于自身的服务。

自 2008 年以来，“像水电一样的 ICT 服务”成为产业内最炙热的“奇思构想”。要想真正实现这个目标，“云计算”的引入是必然选择。对于追求“绿色通信”、“节能环保”的今天，三网基础设施的共享改造意义是非常重大的。当然，这其中也关系到政府政策和相关职能部门的通力合作。在这里有必要提到——融合是一个必然的趋势，至于它形成的方式有待于时间去验证，而将来云计算必然引发运营商网络基础架构的巨大变革。

8.5　CSA 报告——2013 年云计算的九大威胁

现阶段的云计算还未有确切的定义，行业标准也尚未建立。总有人会因为现阶段云计算的模糊而大呼云计算难以理解。而这朵云是否值得依靠，谁来保障云计算的安全和隐私问题，用户和云计算运营商之间的关系如何协调，运营商们之间如何公平竞争，任云计算随波逐流还是要设立相关监管部门来监督云计算运营透明化。针对云计算所存在的问题，CSA(云安全联盟)做了一个关于 2013 年云计算面临的威胁报告——《2013 年云计算的九大威胁》。该报告反映了 CSA 所调查的业内专家们的共识，侧重于涉及的共享的具体威胁，以及云计算按需部署的本质。

从报告中总结 2013 年九个云计算的威胁如下：

1．数据破坏

这是云计算发展的头号威胁。2012 年 11 月 CSA 的一篇研究论文明确指出：虚拟机如何使用侧信道的定时信息提取在同一服务器上的其他虚拟机的私钥。一个恶意黑客不一定需要竭尽全力就可以轻易获取。如果多租户云服务数据库设计不当，一个客户端应用程序的一个单一的缺陷就可能使得攻击者窃取的不仅是客户端的数据，还包括每一个客户的数据。针对数据破坏这一威胁，CSA 在报告里也提出了一些应对措施：对存放的数据进行加密可以减轻数据破坏造成的影响，但这有个前提是你必须记住你的加密密钥，否则你也将失去这些加密的数据。当然，也可以选择保持脱机备份数据来防止云环境的数据破坏，这也在一定程度上增加了数据泄露的风险。

2．数据丢失

云环境中数据丢失对云用户的威胁仅次于数据破坏。不怀好意的外来入侵者可能会随心所欲删除数据来达到他破坏的目的，黑客们才不会斟酌考虑哪些数据丢失带给你的损失有多严重。除此之外，数据丢失也可能会因为自然灾害的降临而发生，如你所使用的云平台的云服务提供商由于其组成云的设施环境遭受一些不可抵抗因素的破坏，你的数据不可避免也难逃一劫。更不用说如果之前煞费苦心使用加密技术对数据进行加密而现在丢失了加密密钥，可以说是前功尽弃了。

3．账户或业务流量被劫持

CSA 的报告中指出，如果攻击者能够访问您的凭据，他或她就可以窃听你的活动和交易，甚至操纵数据，返回虚假信息，并把你的客户端重定向到非法网站，“您的账户或服务在这种情况下可能会成为攻击者的新基地。他们可以利用您的名声发动后续的攻击”。CSA 报告中还提到 2010 年亚马逊遭受的 XXS(Cross Site Scripting，跨站脚本攻击)攻击，攻击者劫持到了网站的凭据，连续几天亚马逊的云服务都不能正常工作，遭受了巨大的损失，而使用亚马逊云服务的用户们也受到了不小的影响。抵御这种威胁的关键是保护凭据，防止被盗。如同 CSA 中所提到的“企业应该禁止用户和服务之间的共享账户凭据，在可能的情况下，他们应该利用强大的双因素认证技术。”

4．不安全的接口和 API

接口是 IT 管理员进行云用户终端和云平台连接行为间的云配置、管理、协调和监控的中间件。而 API(Application Programming Interface，应用程序编程接口)是一般云服务的安全性和可用性的组成部分。企业和第三方都建立在这些接口上，注入附加服务。CSA 报告明确指出，这引入了新的分层 API 的复杂性，同时也增加了风险——企业可能会被要求放弃他们的凭据交给第三方组织。

CSA 报告中建议企业通过使用、管理、协调业务流程以及云服务的监测了解相关的安全隐患问题。弱界面和 API 可能会暴露企业的保密性、完整性、可用性和问责制等安全问题。

5．DoS

DoS(Denial of Service，拒绝服务)是一种常用来使服务器或网络瘫痪

的网络攻击手段，它成为互联网的威胁已有一段历史。而它带给云服务的麻烦也很耗时耗力。云计算提供的是一种按需服务，而企业依赖于一个或多个服务往往是全天候 24 小时不间断的，DoS 攻击者可能对云服务不造成致命的伤害，但它的中断会消耗服务供应商和客户的成本，客户的计费是以计算周期和磁盘空间为基础的，这导致使用云服务的用户操作处理消耗时间而且运行变得也很昂贵，这和云计算提供的云服务的理念恰恰是相悖的。

6．恶意的内部人员

CSA 的报告中称，“即使是加密的部署，如果客户密钥仅适用于数据的使用时间，系统仍然容易受到内部人员的恶意攻击”。

从 SaaS(软件即服务)到 IaaS(基础架构即服务)再到 PaaS(平台即服务)，内部恶意的访问危害关键系统和最终数据。这种恶意的访问可能来自云服务提供商现任或前任内部雇员、承包商或生意伙伴。不难想象，他们都具有访问网络、系统的权限。在云环境设计不当的情况下，内部的恶意人员不仅可以随意攻击数据，而且可能还会造成更大的破坏。一些著名的站点如雅虎、亚马逊及美国白宫网站，都曾经因遭遇拒绝服务攻击而被迫关闭。

由上述可见，云服务提供商负责的安全风险是很大的。

7．云的滥用

云的滥用指的是不法分子通过伪装注册使用云服务，而通过云平台实施不正当网络行为。如攻击者使用云服务来破解很难在一台标准的计算机上破解的加密密钥；恶意黑客使用云服务器发动 DDoS 攻击、传播恶意软件或共享盗版软件。当提升合法云用户的服务质量的同时，其实也给予了黑客们方便，但云服务供应商总不能直接关闭服务，于此，云服务供应商的挑战在于如何辨别哪些行为属于云的滥用和对此行为的用户如何处理。

8．对于云计算没有足够的尽职调查

如果企业在没有充分理解的云环境和相关的风险的情况下部署了云服务，企业往后依靠云服务完成的操作就不会那么顺畅，企业的开发团队不熟悉一些云计算技术的应用，再者，企业没有详尽了解此云平台是否能提供往后工作的所有资源，这也会导致企业在云平台操作瘫痪而造成损

失。CSA 的基本建议是企业必须确保他们有足够的资源，并在部署云计算之前进行深入的、细致的调查。

9. 共享技术中存在的漏洞

CSA 提出共享技术存在的漏洞是云计算的第九大安全威胁。云服务供应商共享基础设施、平台和应用程序提供是可伸缩的服务方式。“基础设施(如 CPU 高速缓存、GPU 图形处理器等)底层组件，并不是设计用于提供给强大的隔离特性为多租户架构(IaaS)、重新部署平台(PaaS)的，或者多客户应用程序(SaaS)的共享漏洞的威胁存在于所有的交付模式。”根据该报告称，假如一个整体的组成部分遭受破坏，可能是一个管理系统或者一个共享的平台组件、应用程序，极有可能暴露了整个环境的一个潜在的妥协和违约。CSA 推荐采用防御性的、深入的战略，包括计算、存储、网络、应用程序和用户安全执法，以及监测。

>>>>>>>>>>>>>> 第9章

“云”里事，“云”里情

9.1 云计算成为智慧城市驱动力

智慧城市[①]这词大有来头，最早追溯回2008年，恰逢2007—2012年环球金融危机伊始，IBM在美国纽约发布的《智慧地球：下一代领导人议程》主题报告所提出的“智慧地球”，即把新一代信息技术充分运用在各行各业之中。随后在IBM的《智慧的城市在中国》白皮书中对智慧城市基本特征的界定是：全面物联、充分整合、激励创新、协同运作等四方面。即智能传感设备将城市公共设施物联成网，物联网与互联网系统完全对接融合，政府、企业在智慧基础设施之上进行科技和业务的创新应用，城市的各个关键系统和参与者进行和谐高效的协作。智慧城市是在数字城市和智能城市提出之后又一信息化城市的高级形态，其关键内涵包括智能化、互联化和感知化。

一座城市的定义，离不开成群高楼大厦、四通八达的交通公路、拥挤

---

① 智慧城市包含着智慧技术、智慧产业、智慧（应用）项目、智慧服务、智慧治理、智慧人文、智慧生活等内容。对智慧城市建设而言，智慧技术的创新和应用是手段和驱动力，智慧产业和智慧（应用）项目是载体，智慧服务、智慧治理、智慧人文和智慧生活是目标。具体说来，智慧（应用）项目体现在：智慧交通、智能电网、智慧物流、智慧医疗、智慧食品系统、智慧药品系统、智慧环保、智慧水资源管理、智慧气象、智慧企业、智慧银行、智慧政府、智慧家庭、智慧社区、智慧学校、智慧建筑、智能楼宇、智慧油田、智慧农业等诸多方面。

的高聚集人口，还有促成居住在城市里面的人类的生活的方方面面——娱乐、工作或其他。智慧城市则主要还是致力于规划城市里的事物能以一种更智慧的方式运行，以至于能向人们提供一种更为方便、美好的城市生活。

图 9.1 所示为智慧城市的基本架构。

图 9.1　智慧城市

当前对智慧城市的概念还未得到业界的统一定义。通常认为，智慧城市是以智慧技术、智慧产业、智慧人文、智慧服务、智慧管理、智慧生活为特征的城市发展新模式。涉足多领域——物联网、传感网，在智能家居、网络监控、票证管理、数字生活等，通过对城市的地理、资源、环境、经济等进行数字网络化管理，智慧城市将信息技术与先进的城市经营服务理念进行有效融合，为城市提供更便捷、高效、灵活的公共管理的创新服务模式，从而进一步促进城市的和谐、可持续的成长。

科学技术的发展水平已成为考核一个国家的综合国力的重要因素，而一座城市的高速发展也同样离不开这些科学技术。智慧城市的构建毫无疑问要借助这些先进技术。在现今发掘的新兴技术中，云计算以独特的优势早已被看好将成为智慧城市建设的重要驱动力。智慧城市建设离不开云计算的支持，由于用户终端的计算和存储能力受客观条件限制可扩展性不

高，而通过云计算平台可以减少上述问题的困扰，实现对海量数据的存储与计算，为智慧城市的建设提供强大的技术后台支持，从而加快智慧城市落地。

当前，国际上智慧城市建设正成为一种趋势，许多国家都在进行相关研究与探索，中国的一级城市中百分之百提出了“智慧城市”的详细规划，有 80%以上的二级城市也明确提出了建设“智慧城市”。2013 年，住建部公布了 2013 年度国家智慧城市试点名单，确定北京、天津、广州等 103 个城市为该年度国家智慧城市试点。随着智慧城市建设进入具体实施阶段，到“十二五”末整个产业链投资规模有望达到 2 万亿元规模，将为包括中国移动、IBM、华为、中兴在内的运营商和 IT 企业带来千载难逢的产业机遇。

9.2 移动互联网下的云计算

近几年 IT 产业的发展可谓是朝气蓬勃，硬件设备的性能的发展趋势越发往高端、低价方向靠拢，软件应用和开发也是史无前例的生气勃勃。各种背景下技术发展推动了互联网的发展，催生了移动互联网。移动互联网(见图 9.2)是一种通过智能移动终端，采用移动无线通信方式获取业务和服务的新兴业态，包含终端、软件和应用三个层面。终端层包括智能手机、平板电脑、电子阅读器、MID[①]等；软件包括操作系统、中间件、数据库和安全软件等；应用层包括休闲娱乐类、工具媒体类、商务财经类等不同应用与服务。与传统的互联网相对比，最突出的变化是终端形式。Web 2.0 和无线接入等技术还没出现以前，以往接入互联网的形式往往都是依靠一根网线和一台计算机，而且那时的计算机远不如现在的终端轻便易携带，基本谈不上移动的可能，这些条件都限制了互联网的可扩展性。而各种网

① MID 指移动互联网设备，即 Mobile Internet Device，是一种新的“比智能电话大，比笔记本小”的互联网终端。MID 的概念是英特尔在 2007 年 4 月推出的，其定义是介于智能手机和上网本之间的产品。

络覆盖面积越来越全面，和移动设备也越来越先进，使形成移动互联网局势打下了坚实的基础。

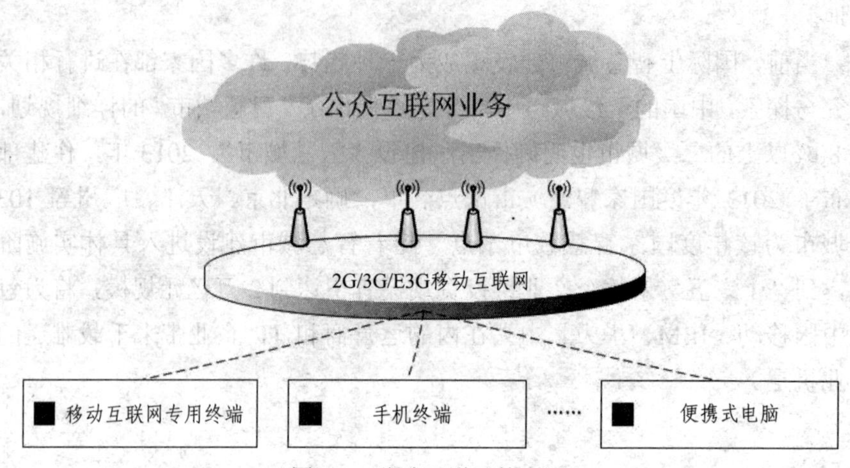

图 9.2　移动互联网的内涵

移动互联网的出现和云计算一样是 IT 互联网领域里令人万分期待的大事件。同样作为一种新型技术模型，它们之间有着千丝万缕的联系。前面介绍的云计算的方方面面，都可从中看出，移动互联网技术也是实现云计算的依托之一。倘若云计算没有移动互联网的相伴，云计算会损失数量庞大的移动用户，而作为移动用户也无法受益于这项新兴的科技，移动互联网本身的能力要大打折扣(移动智能终端无可否认在计算能力上的局限性，需要借助云端强大的计算能力来互补)。因而，有人甚至说移动互联网和云计算似乎天生就是绝配。现在市场上的智能移动终端几乎都结合了通信和互联网的优势，而且便携性好、操作方便、用户体验值也很高，但与传统的计算机终端相比，显而易见的是在计算能力、存储能力上还是有一段距离。虽然云计算可以利用分散闲置的资源打造成庞大的“资源池”供用户使用，但这过程少不了借助数量众多的终端传递资源服务。云计算本来就是巨大商业模式下驱动产生的计算模式，而如果云计算只关注传统的计算机用户，这无疑是很狭隘的市场，将丧失一块巨大的市场。如果一项新技术落实不到现实的广大应用中，这项技术的发展前景是不被看好的。移动互联网的用户基数不容小觑，因而怎样实现结合互联网的云计算，实现两者共赢的局面是当今 IT 互联网行业一大新的热点。

下面将展开介绍移动互联网下的云计算是怎样发挥它的神奇作用！

1．打破终端硬件本身的局限

现今市场上的高端智能手机的广告语上常打着超高主频、处理器超强之类的话，虽然和以往相比，这些智能手机确实实现前所未有的水平，甚至在很短时间里又不断打破才创下的记录(现在手机的更新换代是很频繁的)，但依然存在着一个问题，和传统的计算机相比还是相距甚远。受限于其本身的硬件设备，仅仅依靠手机终端进行大量数据处理是不太现实的问题。而这些移动终端在云计算平台中，由于运算能力以及数据的存储都是来自于移动网络中的“云”，而这些移动智能终端的硬件瓶颈问题也就迎刃而解。因而云用户对移动设备本身的运算能力就不是必须考虑的问题。

2．便于数据处理

云计算平台上的数据存储是较为便利的，它不仅为移动用户提供了较大的数据存储空间，大大减轻了终端的存储压力，而且其存取机制便于用户使用和数据的共享。移动云用户对云端的数据访问完全可以达到本地访问速度。

3．均衡负载更人性化

云计算向移动用户提供的是一种弹性的服务。对于负载变化较大的应用，云计算可以弹性地为用户提供资源，有效地结合利用多个应用之间周期的变化，达到智能均衡应用负载的效果，同时提高了资源利用率，从而有力地保障了每个应用的服务质量。

4．成本降低

成本降低主要体现在管理成本和服务成本。

管理成本方面的减少：随着移动互联网的普及，其业务也随之扩展，这时需要管理的资源也会不断的积累，这导致了管理的成本也会越来越高。而通过结合云计算相关优势，移动互联网实现标准化和自动化管理流程，可简化管理任务，从而降低管理的成本。

服务成本的减少：移动互联网业务中，不同使用者的需求往往不是单

一的服务就可以满足的，甚至这些需求构成的服务要求很复杂。虽然来通过个性化和定制化服务来满足这些用户各自的需求，但这也往往会造成服务器的极大负载。而通过结合云计算可以使各个服务器之间的资源得到共享，在云平台上针对不同服务协同调度来实现资源整合，从而有效地降低服务的成本。图 9.3 所示为云计算与互联网的联系。

图 9.3　云计算与互联网的联系

9.3　你所不知道的云计算

2007 年之前说起的云，也还只是飘在上空的那朵白乎乎的云朵。而似乎是很短的时间，关于云的说法开始铺天盖地的充斥在人们的眼前。这种瞬间化造成的错觉使得有人开始质疑云计算是一夜成名的、被吹嘘膨大的、换汤不换药的技术包装的结果。而至今，云计算受到的关注还依然很炙热，云计算已基本走出这种质疑声，IT 产业界内几乎无人不晓它的存在。现今云计算的概念很火热，虽然它不一定是计算模式的终结，但它确实是以往技术和计算模式的发展和演变的一种结果。下面通过对比分析云计算与各种计算模式之间的关联，一一辩驳云计算“暴发户”的头衔，读者可以从中更加了解为何云的出现并不是偶然的。

1. 云计算与效用计算

早期计算发展的时代，计算设备的价格不是寻常百姓、普通企业、学校和机构所能承受的。因而，很多人萌生了共享计算资源的想法。直到 1961 年，人工智能之父麦肯锡在一次会议上提出了“效用计算”这个概念，其核心借鉴了电厂模式，具体目标是整合分散在各地的服务器、存储系统以及应用程序来共享给多个用户，让用户能够像把灯泡插入灯座来使用电力资源一样，使云计算用户通过简单的接口获得计算资源，并且根据其所使用的量来付费。提及这里是否觉得云计算的服务理念和使用水电厂的水电的比喻很相似呢？而当时整个 IT 产业还处于发展初期，很多实现的铺垫技术都还未诞生，比如互联网、虚拟技术等，所以虽然这个想法一直为人称道，但是总体而言是“叫好不叫座”。

效用计算是一种提供服务的模型，在这个模型里服务提供商产生客户需要的计算资源和基础设施管理，并根据某个应用，而不是仅仅按照速率进行收费。为了解决传统计算机资源、网络以及应用程序的使用方法变得越来越复杂，并且管理成本越来越高的问题，科学家们提出了效用计算这个概念。按需分配的效用计算模型采用了多种灵活有效的技术，能够对不同的需求提供相应的配置与执行方案。

云计算基本继承了效用计算所提倡的资源按需供应和用户使用按量付费的理念。云计算按照用户资源需求分配运算、存储、网络等各种基础资源。这点上和效用计算基本没什么区别，但是云计算比效用计算更进一步。效用计算是一种分发服务所需资源的计费模式，而云计算是一种计算模式，代表了在某种程度上共享资源进行设计、开发、部署、运行应用，以及资源的可扩展收缩和对应用连续性的支持。效用计算注重基础资源提供，而云计算不仅关注基础资源的提供同时也关注服务的提供。效用计算通常需要云计算基础设施支撑，但这种需要不是不可或缺的。同样，在云计算之上可以提供效用计算服务，也可以不采用效用计算。

2. 云计算与网格计算

云计算的经历和网格计算的经历有些相似，提起云计算，自然而然地就说起了网格计算。没有网格计算的发展的成熟，云计算也不会这么顺利地到来。

网格计算通过利用大量异构计算机（通常为台式机）的未用资源（CPU周期和磁盘存储），以及嵌入在分布式系统中的虚拟的计算机集群，可以解决大规模的计算问题。网格计算的焦点放在支持跨管理域计算功能上，这是它与传统的计算机集群或传统的分布式计算相区别的地方。

网格计算的设计目标是：解决对于任何单一的超级计算机来说，仍然大得难以解决的问题，并同时保持解决多个较小问题的灵活性。这样，网格计算就提供了一个多用户环境。

网格计算为云计算提供了基本的框架支持。云计算和网格计算都希望将本地计算机上的计算能力通过互联网转移到网络计算机上。在这一点上，它们的想法是一致的。通过利用动态可增加的计算节点来满足需要增加的计算资源。如果用户要使用的计算资源增加，就可以考虑为用户分配更多的CPU和网络带宽的资源，而倘若用户用不上这么多计算资源的话，就可以考虑收回一些计算资源分配给其他需要更多资源的用户。但是与云计算不同的是，网格计算关注的是提供计算能力和存储能力。

云计算的出现不代表网格计算的终结，它们之间虽有相似点，但片面地说云计算完全取代了网格计算是极其不合理的。对于高端要求严苛的军事应用而言，云计算还不能代替网格计算来满足它的要求。刘鹏教授指出，网格计算与云计算之间的关系就好比OSI和TCP/IP之间的关系。一个是规范化的标准，另一个是符合实际情况应用的衍生。网格计算的初衷本是以科学研究为主的网格[①]，对标准规范是比较重视的，因而较为复杂，缺少成功的商业模式。目前已有政府主导的网格项(如 ChinaGrid、TeraGrid等)取得了预期的效果。而云计算则是商业驱动的一种计算模式，它相对

① 这里所提到的网格(Grid)是20世纪90年代中期发展起来的一种下一代互联网核心技术。网格是在网络基础之上，基于面向服务，使用互操作、按需集成等技术手段，将分散在不同地理位置的资源虚拟成一个有机整体，实现计算、存储、数据、软件和设备等资源的共享，从而大幅度提高资源的利用率，使用户获得前所未有的计算和信息能力。

更能融入人们的日常生活。

表 9.1 所示为网格计算与云计算在性能、所属机构、资源类型等方面的比较。

表 9.1 网格计算与云计算之间的比较

网格计算	云计算
异构资源	同构资源
不同机构	单一机构
虚拟组织	虚拟机
科学计算为主	数据处理为主
高性能计算机	服务器/PC
紧耦合问题	松耦合问题
免费	按量计费
标准化	尚无标准
科学界	商业社会

3. 云计算与分布式计算

分布式计算是计算科学和工程中研究分布式系统的领域。它依赖于分布式系统。分布式系统通常是由通过网络连接的多台主机组成。这些主机都拥有各自的计算能力、存储能力，它们之间互相协作共同致力于解决一个目标或计算任务。

分布式计算的特点主要包括：稀有资源可以共享；通过分布式计算可以在多台计算机上平衡计算负载；可以把程序放在最适合运行它的计算机上。其中，共享稀有资源和平衡负载是计算机分布式计算的核心思想之一。当前最为常见的分布式计算项目往往是将全球各个角落的成千上万的志愿者计算机的闲置计算能力通过互联网联结起来，进行数据传输或完成其他需要超高计算能力的作业。如分析地外无线电信号，从而搜索地球以外宇宙的生命迹象的 SETI@home 项目，该项目数据基数很大，超过了千万位数，是现今世界上最大的分布式计算项目，已有一百六十余万台计算机加入了此项目（在中国大陆大约有 1 万 4 千位志愿者）。这些项目很庞大，需要惊人的计算量，很明显由一台普通电脑计算是难以实现的。

显而易见，云计算和前面所提到的网格计算都属于分布式计算的范畴。云计算把应用和系统建立在大规模的廉价服务器集群之上，通过基础设施与上层应用程序的协同构建达到最大效率和利用硬件资源的目的，通过软件的方法容忍多个节点的错误，达到了分布式计算系统可扩展性和可靠性两个方面的目标。

4. 云计算与并行计算

20 世纪 60 年代初期，晶体管以及磁芯存储器都开始陆续出现，处理单元也从大规格进化成越来越小的规格，存储器个头越来越小，其造价也比之前低了许多。这些硬件技术的快速发展结果导致并行计算机的出现。然而这一时期的并行计算机大多是规模不大的共享存储多处理器系统，即所谓大型主机。

所谓的并行计算，就是在并行计算机上运行的计算，指同时使用多种计算资源解决计算问题的过程，是提高计算机系统计算速度和处理能力的一种有效手段。例如，若要解决问题 A，首先将问题 A 分解成若干部分，然后交付给若干台处理器，最后，这些处理器将得到的结果通过之间的协同处理之后，将最终处理的数据结果返回给用户，这也是 A 所求的结果。

现今学术界里常提到的超级计算和高性能计算往往都包含着并行技术。随着 IT 产业的全面发展，不管是硬件设备性能，还是技术应用方面，都得到了很高的提升。并行计算思想也有了新的发展。可以这样说，云计算毋庸置疑的超级计算能力自然也属于超级计算范畴，因而云计算当中涉及的并行技术也是不容小觑的。云计算具有高性能处理、高冗余和高可扩展等特性，这就要求通过互联网向广大用户提供云服务的成千上万的服务器之间进行高效协同的并行计算。

5. 云计算与 Web 2.0

Web 2.0 并不是某种技术标准，它是相对于 Web 1.0 的新一代互联网应用的统称。Web 2.0 与 Web 1.0 相比，Web 2.0 显得更具灵活性，用户不仅仅局限于通过浏览器获取信息，互联网用户之间在 Web 2.0 上可以得到更大的交互空间——用户不单单充当网站内容的浏览访问者，同时也扮演

着网站内容的制造者的角色。这极大地转变了网民以往在互联网上的身份。从在互联网上的由被动地接收互联网信息转向主动创造互联网信息的发展，在一定程度上激发了网民参与的积极性，也极大地丰富了互联网世界。

对于那些经历了Web 1.0向Web 2.0转型的互联网产生变化的网民们，他们往往较为深刻感受到Web 2.0的出现和广泛流行已经深刻地影响了他们使用互联网的方式。如今，从互联网上获得所需的应用与服务是网民习以为常的事情，同时，他们往往也会将自己的数据资料信息在网络上共享或者保存，视频网站和图片共享网站都要进行海量的上传、下载数据。而在Web 2.0出现之前，用户只能在个人电脑上完成这些操作。个人电脑渐渐从为用户提供应用、保存用户数据的中心的角色转变为成为接入互联网的终端设备。这一点恰恰和云计算的接入模式十分相似。所以有些业界人士认为，Web 2.0的出现为那些网民提供了云计算服务的体验，为云计算培养了用户习惯。

经过前几章对云计算的大致描述，相信读者对云计算的强大计算能力有了一定的认知。正是云计算拥有这样的计算能力，它才能在其基础上构建稳定而快速的存储以及其他服务。问题是云计算怎么去利用这种计算能力？Web 2.0的出现为云计算埋下了很及时的铺垫，为云计算提供了充分利用其强大的计算能力的有利机遇。随着虚拟化、SOA等关键技术的发展和渐渐成熟，Web 2.0技术也得到了不断完善，渐渐实现以人为中心的协作、互动、应用搜索等，并且在现有IT资源的灵活性、可用性和利用率方面都得到了很大的改善。在Web 2.0的引导下，只要有一些有趣而新颖的想法，就能够基于云计算平台而快速搭建Web应用。这就是Web 2.0和云计算互相作用所带来的比较直观的效果。

当然，不是一味地说云计算需要Web 2.0的存在，而Web 2.0的延伸发展也离不开云计算的存在和发展。为了不断满足用户对创新并有吸引力的服务的需求，基于Web应用的开发周期会越来越短。很明显，只有更加快捷的业务响应才能保证应用提供商在激烈的竞争中生存。因而，他们迫切需要有这样一个平台在Web 2.0上进行研发，而这个平台至少能满足以下两点：

(1) 能够提供充足的资源保证其业务增长；

(2) 能够提供可以复用的功能和非功能模块来保证其快速开发。

这就是云计算。

9.4　云计算的业界动态

曾有伟人提到，科学技术是第一生产力。用科技来带动产业的发展已不是惊人的秘密，对于云计算的到来，企业又怎么会错过这一场精彩的技术变革?！许多 IT 厂商一开始先发制人，推出了令人眼花缭乱的与云计算相关的产品和服务。本小节选取了一些涉足云计算领域较早的典型厂商进行系统综述，概括性地介绍它们与云计算的渊源。

图 9.4 所示为与云有联系的几个公司的徽标。

图 9.4　与云有联系的几个公司的徽标

1. IBM 公司

国际商业机器公司(IBM)是着手云计算相关技术早期研发兼践行者之一。毋庸置疑，它的云计算行业实践经验丰富，拥有自己独特的云计算解决方案。同时，IBM 是开发云计算联盟(OCC)和分布式管理任务组(DMTF)的开发云计算标准研究组的主要倡导者和领跑者。IBM 主要面向企业级用户，它所专注的云计算解决方案帮助很多企业成功搭建了自己的云计算中心，同时也实现了自身企业的价值。

2007 年 11 月，IBM 推出了“改变游戏规则”的“蓝云”计算平台，为客户带来即买即用的云计算平台。这是 IBM 推出的最早的云计算解决方案，它向世界宣布一个新的技术模式变革的到来。它包括一系列的自动化、自我管理和自我修复的虚拟化云计算软件，使来自全球的应用可以访问分布式的大型服务器池，使得数据中心在类似于互联网的环境下运行计算。

2008 年 2 月，IBM 将蓝云解决方案成功地应用于中国无锡太湖新城科教产业园的云计算中心的搭建。这是 IBM 在中国建立的一个云计算中心，也是中国第一个商用云计算中心。

2008 年 8 月，IBM 宣布将投资约 4 亿美元用于其设在北卡罗来纳州和日本东京的云计算数据中心改造。

2009 年 5 月，IBM 参加首届中国云计算大会，在中国正式发布了蓝云 6 + 1 解决方案。

2009 年 7 月，IBM 为无锡(国家)软件园首创全新运营模式。

2010 年 1 月，IBM 与松下达成迄今为止全球最大的云计算交易。

2011 年，IBM 与超过 45 家主流云计算组织机构携手成立新的云标准客户委员会(Cloud Standard Customer Consul)，委员会由 OMG(Object Management Group)管理，旨在确定核心的客户需求，为云标准的制定机构提供有价值的信息。

2013 年 6 月，IBM 宣布收购美国云计算公司 SoftLayer Technologies，以强化公司在云计算市场的地位。

2014 年 10 月，IBM 与腾讯合作，在中国市场开拓云计算业务的项目。

2014 年 12 月，IBM 宣布将在多国新增 12 处数据中心，从而向全球用户更好地提供云计算服务。

2．Amazon 公司

Amazon 这个词汇我们都不陌生，甚至很熟稔地在我们生活里已经成为了一个老面孔。Amazon 公司是依靠电子商务起家的，早期以在线销售书籍而广为人知，现今其业务遍布全球的电子商务企业。它是率先提出云计算的商家。

Amazon 在数据中心建设中投入了大量的研发人员和资金，这不仅仅是 Amazon 自身企业扩大业务的需求，也是互联网业务发展的需求。与此同时，Amazon 成功部署了跨区域甚至跨国家的软硬件设施。出于为了充分使用这些大型基础设施的初衷，亚马逊将其基础设施组件模块化并且向外提供租赁服务。而推出的租赁服务得到了热烈的响应，亚马逊就这样从一个稍有名气的网上书店华丽地进军 IT 产业，并在其中得有一席重要的地位。至今，云计算是 Amazon 增长最快的业务之一。

亚马逊公司的云计算服务(AWS)提供了丰富的平台层服务。它主要包括四种核心服务：

(1) Simple Storage Service：作为一种面向个人及企业用户的公共存储云，实现了 IaaS 的存储云的作用。

(2) Elastic Compute Cloud：其面向用户也是个人和企业，它是亚马逊公司推出的最为重要的一种云计算服务，实现了 IaaS 上的计算云的功能。企业可以通过向亚马逊公司租用此服务来获得计算功能，而不用传统的方式购买服务器去获得计算资源。

(3) Simple Queue Service：它是一个可伸缩且可靠的消息传递框架，能让托管的机器存储计算机之间消息的历史记录。它提供的消息传递服务也是按需进行付费的，不限地理区域、时间段，接入互联网的任一终端用户均可租用此服务来在 Amazon 队列中发送或读取数据。

(4) SimpleDB：它是使用轻量级同时也便于用户理解掌握的查询语言的数据库，支持平时常见数据库软件的基本操作——查询、添加记录、删除记录等操作。基于 AWS 的应用程序可以充分利用它较为容易地存储和获取结构化数据。

通过上述核心服务，用户可以在 Amazon 公司的云计算平台上构建各种企业级应用和个人应用。用户在获得可靠的、可伸缩的、低成本的信息服务的同时，也可以从复杂的数据中心管理和维护工作中解脱出来。Amazon 公司的云计算真正实现了按使用付费的收费模式，AWS 用户只需为自己实际所使用的资源付费，从而降低了运营成本。

3. Google 公司

现今但凡会使用互联网的网民都无人不晓谷歌的搜索引擎，没错，它是当前全球最大规模的搜索引擎，也是当前最大的云计算的使用者。

Google 搜索引擎就分布在200多个地点、超过100万台服务器的支撑之上，这些设施的数量还在迅猛增长。Google 地球、地图、Gmail、Docs 等也同样使用了这些基础设施。

2008 年 Google 公司推出了 Google App Engine(GAE)Web 运行平台，使客户的业务系统能够运行在 Google 的全球分布式基础设施上。GAE 与其他 Web 应用平台的不同之处在于系统的易用性、可伸缩性及成本低廉。另外，Google 公司还提供了丰富的云端应用，如 Gmail、Google Docs 等。使用 Google Docs 之类的应用，用户数据会保存在互联网上的某个位置，可以通过任何一个与互联网相连的系统十分便利地访问这些数据。

GAE Web 服务基础设施提供了可伸缩的服务接口，保证了 GAE 对存储和网络等资源的灵活使用和管理。GAE 与 Amazon 公司的 EC2 相比，GAE 更专注于提供一个开发简单、部署方便、伸缩快捷的 Web 应用运行和管理平台。GAE 的服务包含了 Web 应用整个生命周期的管理——开发、测试、部署、运行、版本管理、监控及卸载。应用开发者通过 GAE 只需要专注核心业务逻辑的实现，而不是关心物理资源的分配、应用请求的路由、负载均衡、资源及应用的监控和自动伸缩等任务。

此处值得一提的是 Google 的企业内涵，它的产品无疑对人类科学进步的推进起到了很大的促进作用，而其开放协作研发的方式更是让人们受益。Google 公开了其内部集群计算环境的一部分技术，全球的技术开发人员都能够利用这些开源的云计算基础设施去处理大规模数据。这同样对云计算的深入研发有极大的促进作用。

4. Microsoft 公司

微软公司对于计算机界做出的贡献是有目共睹的，它是目前全球最大的计算机软件提供商。面对云计算思潮来袭，微软作为巨头 IT 公司自然不甘落后。2008 年 10 月，推出了 Windows Azure 操作系统。Azure (中文名为“蓝天”)是继 Windows 取代 DOS 之后，微软的又一次颠覆性转型——通过在互联网架构上打造新云计算平台，让 Windows 真正由 PC 延伸到“蓝天”上。微软拥有全世界数以亿计的 Windows 用户桌面和浏览器，现在它将它们连接到“蓝天”上。Azure 的底层是微软全球基础服务系统，由遍布全球的第四代数据中心构成。

随后发布的Microsoft Live服务主要是向用户提供一种网络托管服务。其主要包含了两种系列产品：

(1) Office Live：主要面向小型企业和信息工作者。它是基于互联网提供的一种新的服务，用户通过它可以建立、扩展和管理其在线业务。

(2) Windows Live：是一款即时沟通工具，当中也涵盖了照片、空间和邮件等在线应用。

5. Salesforce.com 公司

Salesforce.com 公司创建于 1999 年 3 月，它是一家 CRM(客户关系管理)软件服务提供商。该公司研发了面向企业用户的在线 CRM 解决方案。通过使用这种在线交付应用的服务模式，用户可以避免购买硬件、开发软件等前期投资以及复杂的后台管理问题，同时也省去了用户维护软、硬件设施和安装升级应用等问题。这种服务模式获得了很好的市场反响。由于它的口号是“软件的终结”，故业内通常称其为“软件终结者”。

在上述的服务模式基础上，Salesforce.com 公司推出了“平台即服务”产品 Force.com。Force.com 作为企业级应用的开发、发布和运营的通用平台，打破了之前局限于某个单独应用的格局。软件开发商通过该平台提供的工具和服务，不仅可快速开发和交付应用，而且也可以对应用进行有效的运营管理。

Force.com 平台云提供了核心的基础服务、丰富的应用开发和管理维护服务。而 Force.com 的基础服务为开发随需应变的应用提供了支持，其核心是多租户技术、元数据和安全架构。在基础服务之上，Force.com 提供了数据库、应用开发和应用打包等服务，它致力于向企业用户提供云计算服务——按需、灵活的资源使用模式，高可靠性的服务保障，高效的开发平台，丰富的基础服务。通过接入使用该平台云，企业用户无需去建立数据中心，购买软、硬件设备，并大大减轻了其后续的维护工作量。

Force.com 面向企业用户主要提供三个角度上的支持：

(1) 在线的企业应用。企业用户通过简单的定制化操作就可以使用 CRM 服务。

(2) 提供了一种新的编程语言 Apex 和集成开发环境 Visualforce。这一支持有助于开发人员弱化应用开发的复杂度并缩短开发周期。

(3) 创建了一个共享的应用资源库 AppExchange。该资源库涵盖了企业用户和软件供应商在 Force.com 上开发的应用，而 Force.com 的用户通过一些简单的操作便可完成这些应用的共享、交换及安装过程，然后就可以把 AppExchange 中共享的应用集成到自己的应用中去。

9.5 遇见有“云计算”的未来

这是本书的最后一章的最后一节，将结合前面描述云计算的小节系统、概要地阐述云计算对未来的深刻影响。通过前面的详尽的文字描述和图文搭配，读者对“云计算”有了一个全面的了解。

前面也曾提到，按严格定义来讲，云计算不是一个技术名词，它是一种计算模式的说法更为贴切一点，学术界对它的研究还在继续，目前是很难给出关于它的一个确切定义。

纵观 IT 业产品的发展史不难发现，在过去的几十年间，使用计算机的最为常见的方式是：每个人都拥有属于自己的硬件设备、软件、本地保存数据的存储空间和进行各种处理操作。如今开始盛行的互联网时代已经渐渐深入人心，但这也不足以颠覆传统计算机使用方式。因为互联网的主要作用只是让人们能更为便利地获取信息，而对于计算和处理等操作的负荷还是主要由基于本地的主机承担。在各种技术铺垫下，如 Web 2.0、网格计算、分布式计算、并行计算等技术，云计算能通过互联网提供给用户强大的应用服务。这说的不是单纯的利用远端的计算能力进行处理，云计算主要是面向海量的数据和复杂的计算，它并没有苛刻地专门指定服务对象，而是惠及广大的企业用户和个人用户。

众所周知，人类文明史上的每一次工业革命都缘于一种新技术的产生，毫无例外，云计算作为一种由商业驱动产生的计算模式，也必将给我们的生活带来不同以往的改变。这种改变大致分为两种，一种是改变以往不足的，将不足之处减少；另一种是改变本来就是好的，让其变得更加好。譬如，前面多次提到云计算能降低产业的成本，云计算提高处理海量数据的性能等。

回顾前面的章节，可以清楚地从文字间感受到云计算在现今世界中扮演了一种重要的角色，深入研究云计算并结合它的优势有望推动各项产业的向前发展，这不仅仅是前面所提到的教育、医疗、电子商务和电子政务，还有制造产业、电信行业等服务行业，都能借助云计算搭建各行业所需的结合云的平台，极大发挥它们的作用，为该产业提高业务效益，同时也为我们带来更好、更便民、更周到的服务，从而影响我们的生活。

通过云计算的推广使用，各个用户将能从中受益并利用它来更好地完成日常工作或者进一步创造新事物。理论、实验和计算，这是人类进行创新的三条途径。云计算会使庞大的计算力为更多的人群所利用，它必将改变人类生活的进程。创造者可能是科学家、工程师，或者程序员，也可能是任何一个有奇思妙想的普通人，只要他有一个终端，有一根网线，能方便地去操控数据、处理数据。总的来说，它所带来的种种转变了人类的思维方式、作业方式和生活方式。

不可否认云计算是当前的 IT 产业乃至全世界瞩目关注的热点这一事实，其相关结合应用的开发也在渐渐落实。未来云将带给我们怎样的全新的服务模式？是一种 IT 基础设施服务模式？是一种新型服务的交付模式？是一种基于互联网的新型商业模式？还是一种像供水电、输电一样的创新性资源服务模式？这些疑问留待时间来一一解答。生活中的你我他，未来都有可能是云上的创作者、云上的使用者、云中的受益者等与云有关联的人物。知己知彼，才能百战不殆，且迎着云计算带来的机遇和挑战，让我们着手精心准备遇见有云的未来。